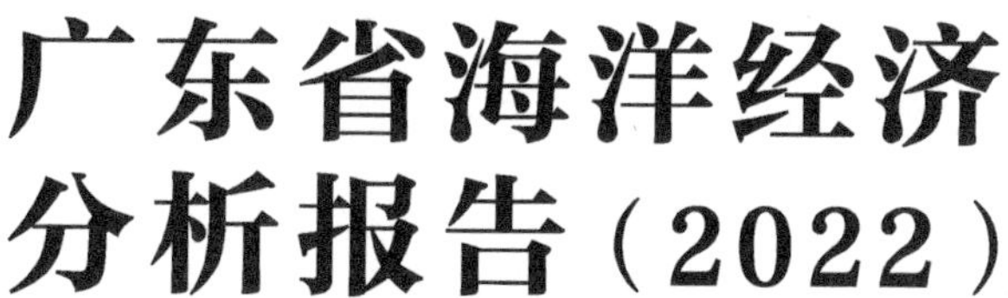

广东省海洋经济分析报告（2022）

GUANGDONGSHENG HAIYANG JINGJI FENXI BAOGAO 2022

钟金香　王方方　姚　琴　编著

·广州·

图书在版编目（CIP）数据

广东省海洋经济分析报告．2022/钟金香，王方方，姚琴编著．--广州：中山大学出版社，2024.12. --ISBN 978-7-306-08213-8

Ⅰ．P74

中国国家版本馆 CIP 数据核字第 2024CY7979 号

出 版 人：王天琪
策划编辑：李先萍
责任编辑：王　睿
封面设计：曾　斌
责任校对：刘奕宏
责任技编：靳晓虹
出版发行：中山大学出版社
电　　话：编辑部 020-84110283，84113349，84111997，84110779，84110776
　　　　　发行部 020-84111998，84111981，84111160
地　　址：广州市新港西路 135 号
邮　　编：510275　　传　　真：020-84036565
网　　址：http://www.zsup.com.cn　E-mail：zdcbs@mail.sysu.edu.cn
印 刷 者：广东虎彩云印刷有限公司
规　　格：787mm×1092mm　1/16　13 印张　233 千字
版次印次：2024 年 12 月第 1 版　2024 年 12 月第 1 次印刷
定　　价：40.00 元

目　录

引　言

“向海则兴，背海则衰。”在海洋强国战略、“陆海统筹”规划和“一带一路”倡议等的指引下，我国海洋经济发展平稳，结构性转变、创新驱动、绿色效率提升和高质量发展初见成效，科技贡献、劳动生产率不断提升。近年来，广东省顺应建设海洋强国的需要，不断提高海洋开发能力，使海洋经济成为新的增长点，而受国际国内宏观经济下行压力和全球突发性因素的影响，我国海洋经济增长呈现明显减缓的趋势。推进海洋经济高质量发展成为当前国家经济研究的重要论题，推动海洋经济的可持续发展需要对海洋经济发展现状及其可持续发展状态与发展前景进行评估、预测。

全书共分为六个部分，由总报告引领，涵盖宏观经济编、中观经济编、微观经济编、海洋经济焦点编、展望编五个特色版块。总报告分析广东海洋经济发展形势，并对“十四五”时期海洋经济主要政策与规划进行解读。宏观经济编从总体和分维度上评估了广东省海洋经济高质量发展水平。中观经济编涵盖区域篇与产业篇，为广东省海洋产业持续健康快速发展提供决策参考。微观经济编选择三家海洋经济龙头企业，分析其发展现状、经验及趋势。海洋经济焦点编追踪粤港澳湾区海洋经济发展热点，呈现湾区海洋经济发展特色。展望编对粤港澳湾区海洋经济可持续发展状态进行评估，预测其发展前景。

I

总报告

一、2021年广东海洋经济发展形势分析

2021年，在政策环境持续优化、海洋产业转型升级的背景下，广东海洋经济呈现出总量持续扩大、区域海洋经济发展特色鲜明、主要海洋产业发展态势良好、海洋科技创新能力稳步增强四大特点。广东省委、省政府全面贯彻落实党的十九大和十九届历次全会精神，深入贯彻习近平总书记关于海洋发展的系列重要论述，按照海洋强国战略部署，大力推动“双区”（粤港澳大湾区、深圳先行示范区）和横琴、前海两个合作区的建设，精准有力地实施涉海重大项目，深化海洋领域重大改革，扎实推进海洋经济高质量发展，全面推动海洋强省建设。海洋经济呈现加快恢复、稳中向好的发展态势，赋能高质量发展取得新成效，实现“十四五”良好开局，加快建设海洋强国。

（一）国际形势分析

近年来，全球经济增长乏力，世界银行、国际货币基金组织和中国社会科学院预测，未来5—10年全球经济增长率在3%左右。海洋经济具备刺激经济增长、创造就业机会和推动创新的巨大潜力，已成为新的经济前沿和增长引擎，是全球经济的重要组成部分。海洋的经济价值和战略意义被提上国际政策议程，许多国际组织和沿海国家纷纷制定相应措施，德国、英国、韩国等发布了新的海洋经济战略，非洲联盟（非盟）将蓝色经济写入《2063年议程》和《2050年非洲海洋整体战略》。我国与海上丝绸之路沿线国家也正逐步加强产业合作，以海洋渔业、船舶制造、航运、海洋工程、海洋油气开发与服务业等产业为主的跨国大型陆海经济产业圈逐步形成。

从国际形势看，世界百年未有之大变局加速演进，国际争端不断，全球产业链、供应链和价值链受到冲击。因过度开发，海洋面临着污染、生物多样性下降和气候变化等多重压力，海洋经济发展的不稳定性、不确定性因素增多，广东进一步拓展蓝色经济空间面临诸多阻碍。但与此同时，新一轮科技革命和产业革命深刻改变了人类与海洋的互动方式，越来越多高精尖技术

正逐渐渗透到各海洋产业部门，引发了新一轮创新，催生了许多新产业、新业态、新模式，为海洋经济发展提供了更广阔的空间。

（二）国内形势分析

《“十四五”海洋经济发展规划》明确指出，走依海富国、以海强国、人海和谐、合作共赢的发展道路，推进海洋经济高质量发展。近年来，我国海洋经济发展较为稳健、前行势头强劲，海洋科创能力显著提升，为我国经济发展注入了新的活力。但同时我国的海洋经济发展仍存在一些薄弱环节需要弥补提升，集中体现在自主创新能力仍需增强、资源开发利用程度尚需提高和蓝色金融建设发展有待完善等方面。

从国内形势看，我国市场空间广阔，社会大局稳定，海洋产业规模逐步扩大、结构持续优化，新兴产业蓬勃发展，海洋经济发展处于重要的战略机遇期，已成为区域经济发展的新增长点，发展海洋经济、建设海洋强国具备扎实的物质基础和优越的制度保障。2021 年，我国海洋经济规模和效益提升显著，海洋生产总值突破 9 万亿元大关，比上年增长 8.3%，对国民经济增长的贡献率为 8.0%，占沿海地区生产总值的比重为 15.0%。① 面对疫情的冲击，相关部门出台了延迟缴纳海域使用金、增加对供水及用电的补贴等积极的政策措施，全力推进复工复产。针对海洋创新及相关研究领域创新的资本支持力度不断增强，海洋价值链、资源链和技术链的深度整合步伐加速。

（三）省内形势分析

按照党中央、国务院关于发展海洋经济、推进海洋强国建设的部署，广东从全局角度和战略高度出发，谋划和编制了海洋强省建设政策文件及三年行动方案，明确了新时期海洋强省建设的具体任务、工作路线和保障措施，为推进海洋强省建设做出全面部署。以横琴、前海两个合作区的建设为牵引，带动粤港澳大湾区海洋经济高质量发展。全面落实横琴、前海两个合作区的建设方案，出台实施若干项省级支持措施，推动高水平建设横琴国际休闲旅游岛，加快建设前海深港现代海洋服务业集聚区。

从省内情况看，我省海域辽阔、岸线漫长、滩涂广布、港湾优越、海岛众多，海洋资源十分丰富，经济发展基础良好。2021 年，广东省海洋产业体

① 数据来源：《2021 年中国海洋经济统计公报》。

系不断健全，产业结构不断调整优化，形成了海洋先进制造业及现代服务业互补互促、协同发展的格局。随着建设粤港澳大湾区、深圳中国特色社会主义先行示范区等重大战略的深入实施，以及“一核一带一区”建设的持续推进，我省将吸引国内国外更多的先进生产要素集聚，持续增强我省海洋经济发展的内生动力。但与此同时，我省海洋经济发展存在速度与质量不匹配、区域发展不平衡、创新驱动不充分、对外开放合作待深化、综合治理能力待进一步提升等问题，推动海洋经济高质量发展的任务仍然艰巨。

二、"十四五"时期海洋经济发展主要政策与规划解读

为促进海洋经济高质量发展，国家及广东省层面均出台了一系列的政策与规划，既有从宏观层面总体指引的规划纲要，也有针对海洋经济特定领域的政策规划。本节将基于国家层面及省级层面，对"十四五"时期促进海洋经济发展的主要政策、规划进行解读。

（一）国家层面

1. 全国海洋经济政策取向

《中华人民共和国国民经济和社会发展第十四个五年规划和2035年远景目标纲要》（以下简称《纲要》）专章部署"积极拓展海洋经济发展空间"，明确了"十四五"期间我国海洋经济工作的方向和重点任务。《纲要》提出，要"建设现代海洋产业体系，打造可持续海洋生态环境，深度参与全球海洋治理"。《"十四五"海洋经济发展规划》明确指出，走依海富国、以海强国、人海和谐、合作共赢的发展道路，推进海洋经济高质量发展。此外，《海水淡化利用发展行动计划（2021—2025年）》《"十四五"全国渔业发展规划》等一系列政策措施陆续发布，并在11个沿海省（直辖市、自治区）和部分沿海城市贯彻落实，我国海洋经济发展迈进新时期。

"十四五"时期，我国海洋经济发展要以习近平新时代中国特色社会主义思想为指导，深入贯彻落实习近平总书记关于海洋强国建设的重要论述精神，坚持陆海统筹，将新发展理念贯穿于海洋经济发展的全过程和各领域，以推动海洋经济高质量发展为主题，以深化供给侧结构性改革为主线，建立健全海洋经济治理体系，完善促进和保障海洋经济发展的各类政策，推进海洋强国建设迈向新阶段。

2. 国家促进广东省海洋经济发展的重点政策

2021年以来，国务院相继印发《横琴粤澳深度合作区建设总体方案》

《全面深化前海深港现代服务业合作区改革开放方案》《广州南沙深化面向世界的粤港澳全面合作总体方案》，加快开发建设横琴、前海、南沙等重大合作平台，三大合作区的开发和建设对广东海洋经济高质量发展具有重要促进作用。

（1）《横琴粤澳深度合作区建设总体方案》（以下简称《方案》）的提出旨在为澳门产业多元发展创造条件，同时发挥“澳门—珠海”极点对粤港澳大湾区的支撑引领作用，辐射带动珠江西岸地区加快发展。按照方案，合作区实施范围为横琴岛“一线”和“二线”之间的海关监管区域，总面积约106平方千米。其中，横琴与澳门特别行政区之间设为“一线”；横琴与中华人民共和国关境内其他地区之间设为“二线”。

在促进海洋旅游业发展方面，《方案》提出要发展文旅会展商贸产业，高水平建设横琴国际休闲旅游岛，支持澳门世界旅游休闲中心建设，在合作区大力发展休闲度假、会议展览、体育赛事观光等旅游产业和休闲养生、康复医疗等大健康产业。加强对周边海岛旅游资源的开发利用，推动粤港澳游艇自由行。支持粤澳两地研究举办国际高品质消费博览会暨世界湾区论坛，打造具有国际影响力的展会平台。

为促进海洋经济的高水平对外开放，在货物出入方面，《方案》提出要实行货物“一线”放开、“二线”管住的政策。在“一线”放开方面，对合作区与澳门之间经“一线”进出的货物（过境合作区货物除外）继续实施备案管理，进一步简化申报程序和要素。在“二线”管住方面，从合作区经“二线”进入内地的免（保）税货物，按照进口货物有关规定办理海关手续，征收关税和进口环节税。在人员进出方面，提出“人员进出高度便利”政策。“一线”在双方协商一致且确保安全的基础上，积极推行合作查验、一次放行的通关模式，不断提升通关便利化水平，严格实施卫生检疫和出入境边防检查，对出入境人员携带的行李依法实施监管。“二线”对人员进出不作限制，对合作区经“二线”进入内地的物品，研究制定与之相适应的税收政策，按规定进行监管。

（2）《全面深化前海深港现代服务业合作区改革开放方案》（以下简称《开放方案》）的提出，旨在进一步推动前海合作区全面深化改革开放，在粤港澳大湾区建设中更好地发挥示范引领作用，是支持香港经济社会发展、提升粤港澳合作水平、构建对外开放新格局的重要举措。

在促进现代海洋服务业创新发展方面，《开放方案》提出要联动建设国际贸易组合港，实施陆海空多式联运、枢纽联动。在深圳前海湾保税港区整合优化为综合保税区的基础上，深化要素市场化配置改革，促进要素自主有序流动，规范发展离岸贸易。探索研究推进国际船舶登记和配套制度改革。推动现代服务业与制造业融合发展，促进“互联网+”及人工智能等服务业新技术、新业态、新模式加快发展。

在促进海洋科技创新方面，《开放方案》提出要集聚国际海洋创新机构，大力发展海洋科技，加快建设现代海洋服务业集聚区，打造以海洋高端智能设备、海洋工程装备、海洋电子信息（大数据）、海洋新能源、海洋生态环保等为主的海洋科技创新高地。

在对外开放方面，《开放方案》提出要深化与港澳服务贸易自由化，在不危害国家安全、风险可控的前提下，在内地与香港、澳门关于建立更紧密经贸关系的安排（Closer Economic Partnership Arrangement，CEPA）框架内，支持前海合作区对港澳扩大服务领域开放。实施对接港澳游艇出入境、活动监管、人员货物通关等开放措施，在疫情防控常态化条件下研究简化有关船舶卫生控制措施证书和担保要求。

（3）《广州南沙深化面向世界的粤港澳全面合作总体方案》（以下简称《总体方案》）提出，要推动广州南沙深化粤港澳全面合作，将其打造成为立足湾区、协同港澳、面向世界的重大战略性平台，在粤港澳大湾区建设中更好地发挥引领带动作用。

在促进海洋科技创新及产业合作方面，《总体方案》提出要推动海洋科技力量集聚，加快与中国科学院、香港科技大学共建南方海洋科学与工程广东省实验室（广州），加快冷泉生态系统观测与模拟大科学装置、广州海洋地质调查局深海科技创新中心、南海生态环境创新工程研究院、新一代潜航器项目等重大创新平台建设，打造我国南方海洋科技创新中心。要建设好国家科技兴海产业示范基地，推动可燃冰、海洋生物资源综合开发技术研发和应用，推动海洋能发电装备、先进储能技术等能源技术产业化。对南沙有关高新技术重点行业企业进一步延长亏损结转年限。

在促进海洋经济的高水平对外开放方面，《总体方案》提出要增强国际航运物流枢纽功能，加快广州港南沙港区四期自动化码头建设，充分利用园区已有铁路，进一步提高港铁联运能力。支持广州航运交易所拓展航运交易等服务功能，支持粤港澳三地在南沙携手共建大湾区航运联合交易中心。加快发展船舶管理、检验检测、海员培训、海事纠纷解决等海事服务，打造国际海事服务产业集聚区。遵循区域协调、互惠共赢原则，依托广州南沙综合保税区，建立粤港澳大湾区大宗原料、消费品、食品、艺术品等商品供应链管理平台，建设工程塑料、粮食、红酒展示交易中心，设立期货交割仓。

在促进海洋生态环境治理方面，《总体方案》提出要加强节能环保、清洁生产、资源综合利用、可再生能源等绿色产业发展交流合作，在合作开展珠江口海域海洋环境综合治理、区域大气污染防治等方面建立健全环保协同联动机制。坚持陆海统筹、以海定陆，协同推进陆源污染治理、海域污染治理、生态保护修复和环境风险防范。实施生态保护红线精细化管理，加强生态重要区和敏感区保护。

（二）省级层面

1.《广东省海洋经济发展“十四五”规划》解读

《广东省海洋经济发展“十四五”规划》（以下简称《规划》）要求以高质量发展为主题，以深化供给侧结构性改革为主线，优化海洋经济空间布局，构建现代海洋产业体系，提升海洋科技创新能力，加强海洋经济综合管理能力，这为全面建设海洋强省提供了具体指引。

《规划》明确了广东省到2025年在海洋经济、科技、生态、开放及治理五个方面的五年发展目标，并展望了到2035年全面建成海洋强省的长远发展目标。与“十三五”时期的海洋经济发展规划相比，《规划》显示出“十四五”期间广东省海洋经济发展的七大新趋势特征。

（1）更加注重海洋经济向质量效益型转变。海洋经济高质量发展的主要特征之一就是从追求经济的高速增长，转为追求经济的高效全面发展，更多地强调海洋经济的质量效益的提升，而非单一地追求增长速度。

《规划》提出“十四五”期间海洋生产总值年均增速的目标为6.5%，低于“十三五”时期广东省提出的8%的目标。“十四五”时期，广东海洋经济发展将更加注重科技创新、绿色生态、开放合作和海洋治理等方面，实现全方位的提升和优化。

（2）更加注重发挥科技创新在海洋经济高质量发展中的引领作用。广东将致力于打好海洋产业关键核心技术攻坚战，既要搭建高水平、多层次的海洋实验室和海洋技术创新平台等创新载体，又要激发涉海企业的创新活力，充分发挥企业在技术创新中的主体作用，完善从基础研究、应用研究到成果转化的全链条海洋科技创新体系和发展模式。此外，在人才培养方面，强化海洋科技人才引育和创新人才教育培养模式来加强海洋科技人才储备。在政策环境方面，强化海洋科技创新政策支持和服务体系建设，持续优化科技成果转移转化制度环境，营造良好海洋科技创新氛围。

（3）更加注重海洋产业生态链的构建和完善。“十四五”时期，广东将推进陆海一体化发展，加快形成“一核、两极、三带、四区”的空间布局，打造海上风电、海洋油气化工、海洋工程装备、海洋旅游，以及现代海洋渔业五个千亿级以上的海洋产业集群，建成海洋高端产业集聚、海洋科技创新引领、粤港澳大湾区海洋经济合作和海洋生态文明建设四类海洋经济高质量发展示范区 10 个，坚持“点、线、面”齐发力，构建和完善海洋产业生态链，引领海洋经济高质量发展。

（4）更加注重海洋经济的绿色发展。“绿色”是高质量发展的内涵之一。在碳达峰、碳中和的背景下，“十四五”期间，广东将聚焦“双碳”目标，促进海洋经济全面绿色低碳转型，从资源和能源的供给与需求等方面推动海洋经济高质量发展。

从供给层面看，在能源产业方面，广东将打造海上风电产业集群，加快推进天然气水合物产业化进程，开展海洋可再生能源示范利用。在资源利用方面，以创建自然资源高水平保护、高效率利用示范省为契机，建立健全海洋资源资产产权管理制度，提升海洋资源市场化配置水平，推进对海洋资源的全面节约和循环利用，全面提升海洋资源利用效率。

从需求层面看，广东将通过科技创新为传统海洋产业提质增效，在海洋油气化工、海洋船舶等传统产业领域，推行绿色设计和绿色生产，并推进第一、第二、第三海洋产业融合发展，促进海洋资源的节约、集约及循环利用，提升资源利用效率，减少能源消耗。同时，通过加快现代数字技术与海洋产业的深度融合，提升海洋产业的信息化、智能化水平，助力企业绿色发展。另外，还将积极探索海洋生态产业化发展，发挥海洋蓝碳“碳库”作用，探索培育蓝色碳汇产业，推动海洋碳汇经济发展。

（5）更加注重推动“有效市场”和“有为政府”更好地结合。在遵循市场规律的前提下，更好地发挥政府的引领作用，提升海洋经济的综合管理能力，推动海洋经济高质量发展。

为促进海洋领域治理体系和治理能力现代化，政府将在多方面推出举措。在制度环境方面，健全海洋法律法规体系，完善海洋领域治理体系，修订省海域使用条例、海洋环境保护法实施办法，推动海岸带、海岛、海上构筑物和海上交通安全等管理制度建设。在基础设施平台方面，聚焦基础服务、基础设施、基础数据，统筹开展各级各类海洋公共服务平台建设，系统提升公共服务效能。在要素保障方面，统筹整合各级财政资金，稳步加大对海洋经济、科技、生态等方面的财政投入，进一步优化涉海领域财政支持政策。

（6）加快推动形成陆海统筹、内外联动的海洋经济空间布局。充分发挥各地特有的区位、资源禀赋、产业基础等优势，进一步强化“一核一带一区”区域发展格局空间响应，推动陆海一体化发展，加快形成“一核、两极、三带、四区”的海洋经济发展空间布局。

“一核”指着力提升珠三角核心区发展能级；“两极”即以汕头、湛江为中心，加快建设东西两翼海洋经济发展极；“三带”指统筹开发利用海岸带、近海海域和深远海海域三条海洋保护开发带；“四区”指聚力打造海洋高端产业集聚、海洋科技创新引领、粤港澳大湾区海洋经济合作、海洋生态文明建设四类海洋经济高质量发展示范区。

（7）着力推进重大工程项目建设。《规划》聚焦海洋经济发展重点领域，计划投入6202.65亿元，建设包括蓝色科技走廊建设工程、海洋产业集聚发展示范工程、粤港澳大湾区海洋经济合作示范区工程、海洋基础设施工程、海洋生态保护工程、智慧海洋工程在内的六大工程，共30个项目。

2.“十四五”开局以来广东省海洋经济发展政策概述

“十四五”开局以来，围绕海洋经济高质量发展这一主题，广东省着力从海洋产业发展、海洋资源环境优化利用与保护等方面出台多项规划政策。相关政策主要呈现出以下趋势和特点。

（1）加强海洋产业发展指导力度。“十四五”开局以来，国家和省级层面出台多项政策文件与规划措施，指导海洋交通运输业、海洋服务业、海洋可再生能源业和海洋渔业等产业高效、有序、健康、持续发展，加快构建现代海洋产业体系。

海上运输业是广东省重点海洋产业之一。广东省交通运输厅于2021年12月出台的《广东省水运“十四五”发展规划》明确提出，要完善海运基础设施，提升综合服务水平，提高智慧绿色安全水平。到2025年，广州港和深圳港基本建成世界一流港口，汕头港、湛江港基本建成粤东、粤西地区枢纽港。

海上风电是海洋新兴产业，大力发展海上风电对保障能源供应安全、促进能源绿色转型、实现高质量发展具有重要意义。2021年6月，广东省人民政府办公厅印发《促进海上风电有序开发和相关产业可持续发展的实施方案》，提出要加快推进项目建设，修编省海上风电发展规划，完善创新开发管理模式，推动海上风电产业集聚发展，加大海上风电创新、示范工作力度，统筹做好海上风电发展与安全工作，实施财政补贴以促进海上风电项目有序开发和相关产业可持续发展。

海洋渔业是广东省海洋经济传统支柱产业之一。2022年5月，《广东省人民政府办公厅关于加快推进现代渔业高质量发展的意见》提出要夯实现代渔业产业基础，构建现代渔业产业体系，促进渔业绿色发展，以推进广东省现代渔业高质量发展，实现从渔业大省到渔业强省的转变。

此外，2020年8月，广东省人民政府提出制定《关于发挥海洋高质量发展战略要地作用全面建设海洋强省的意见》，整体谋划全省海洋强省建设，积极推动海洋优势产业提质增效和海洋新兴产业加速发展，打造若干万亿元级海洋产业集群，促进广东海洋经济高质量发展，构建全省产业体系新支柱。

（2）推进海洋生态文明建设和完善海洋综合治理体系。2021年7月，广东省自然资源厅印发《海岸线占补实施办法（试行）》，指出要建立海岸线占补制度，规范海岸线占补实施流程，强化海岸线整治修复监管，以此加强海岸线保护与利用管理，推进对海岸线的整治修复，促进区域协调发展和生态文明建设。同年12月，广东省人民政府出台《广东省渔业捕捞许可管理办法》，提出要规范渔业捕捞活动，控制捕捞强度，促进渔业可持续发展。2022年3月，《中共广东省委 广东省人民政府关于全面推进自然资源高水平保护高效率利用的意见》提出，从健全产权制度体系、推进空间善治和结构优化、加强整体保护与系统修复、实行资源总量管理和全面节约、深化资源配置改革、加强立法保障和执法监督等方面对海洋环境与资源的高水平保护、高效率利用做出了相应指导。为统筹谋划好广东省“十四五”时期海洋生态环境保护工作，2021年11月，广东省生态环境厅印发《广东省海洋生态环境保护“十四五”规划》，指出要坚持绿色引领，协同推进沿海经济带高质量发展。坚持“三个治污”，持续改善近岸海域环境质量；坚持保护与修复并举，逐步提升海洋生态系统稳定性；坚持系统治理，扎实推进美丽海湾保护与建设；坚持防控结合，有效提升海洋突发环境事件应对能力；坚持陆海统筹，健全海洋生态环境治理体系。

“十四五”开局以来，广东省促进海洋经济高质量发展的相关规划与政策文件，详见表 1－1。

表 1－1　“十四五”开局以来，广东省促进海洋经济高质量发展的相关规划与政策文件

发布机构	发布时间	相关规划与政策文件名称
广东省人民政府	2021 年 4 月 25 日	《广东省国民经济和社会发展第十四个五年规划和 2035 年远景目标纲要》
广东省人民政府办公厅	2021 年 6 月 11 日	《促进海上风电有序开发和相关产业可持续发展的实施方案》
广东省自然资源厅	2021 年 7 月 2 日	《海岸线占补实施办法（试行）》
中共中央、国务院	2021 年 9 月 5 日	《横琴粤澳深度合作区建设总体方案》
中共中央、国务院	2021 年 9 月 6 日	《全面深化前海深港现代服务业合作区改革开放方案》
广东省人民政府办公厅	2021 年 11 月 3 日	《广东省自然资源保护与开发“十四五”规划》
广东省人民政府办公厅	2021 年 12 月 14 日	《广东省海洋经济发展“十四五”规划》
广东省人民政府	2021 年 12 月 24 日	《广东省渔业捕捞许可管理办法》
广东省交通运输厅	2021 年 12 月 30 日	《广东省水运“十四五”发展规划》
中共广东省委、广东省人民政府	2022 年 3 月 24 日	《关于全面推进自然资源高水平保护高效率利用的意见》
广东省生态环境厅	2022 年 5 月 6 日	《广东省海洋生态环境保护“十四五”规划》
广东省人民政府办公厅	2022 年 5 月 26 日	《广东省人民政府办公厅关于加快推进现代渔业高质量发展的意见》
国务院	2022 年 6 月 14 日	《广州南沙深化面向世界的粤港澳全面合作总体方案》

Ⅱ

宏观经济编

一、广东海洋经济发展总体概况

本部分内容结合《广东海洋经济发展报告（2022）》相关数据，从海洋经济总量与结构、主要海洋产业发展情况、海洋科技创新与海洋人才培养、海洋资源利用与海洋生态文明建设、区域协调与合作共享这五个方面对广东海洋经济总体发展情况展开分析。

（一）海洋经济总量与结构

1. 海洋经济规模持续全国领先

据初步统计核算，2021 年，广东省海洋生产总值达 19941 亿元，占全国海洋生产总值的 22.1%，海洋经济总量连续 27 年居全国首位，为我国海洋强国建设做出重要贡献。

2. 海洋经济增长较去年得到有效提振

由于疫情的冲击，2020 年广东省海洋经济生产总值较 2019 年有小幅下跌，2021 年广东省海洋经济增速由负转正，海洋生产总值同比增长 12.6%，比上一年提高约 17 个百分点，[①] 扭转了疫情以来海洋经济下滑的态势。详见图 2－1。

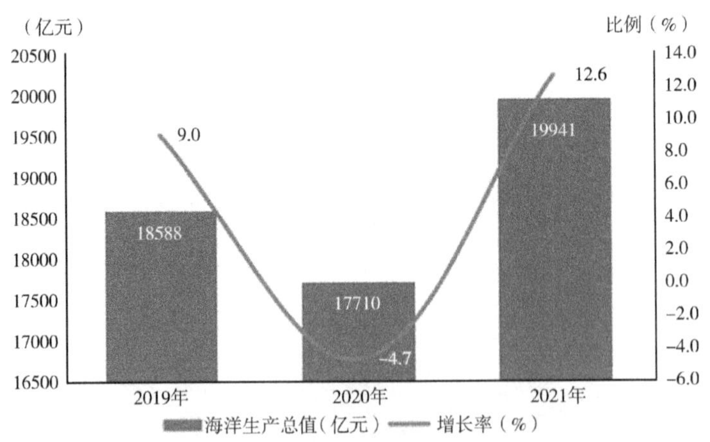

图 2－1　2019—2021 年广东省海洋生产总值及增长率

---

① 数据来源：广东省自然资源厅《广东海洋经济发展报告（2022）》。由于统计口径调整以及受疫情影响，上述三年数据较此前公布数据均有不同程度调整。

3. 海洋经济助推地区生产总值增长

海洋经济成为推动地区经济增长的强劲动力，2021 年广东省海洋生产总值增速高于地区生产总值增速 0.3 个百分点，海洋经济对地区经济增长的贡献率达到 16.4%，拉动地区经济增长 2.0 个百分点。① 详见图 2－2。

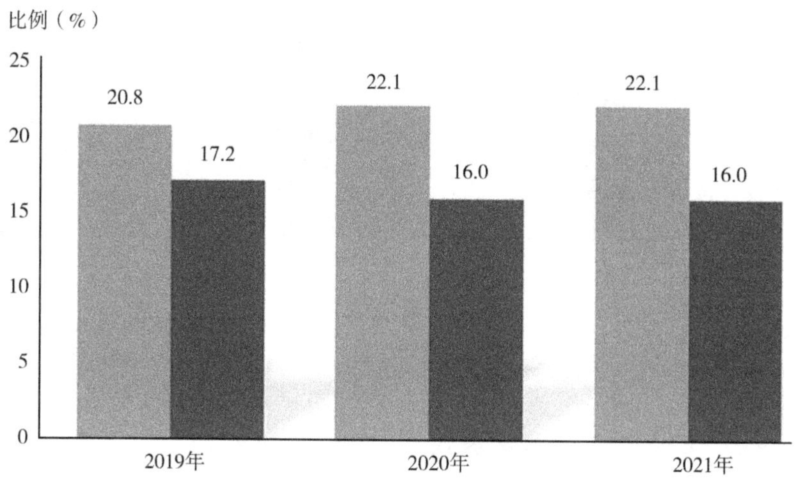

图 2－2　2019—2021 年广东省海洋生产总值占全国海洋生产总值与地区生产总值比例

4. 海洋产业结构总体保持稳定

据核算，2021 年广东省海洋第一、第二、第三产业增加值占广东省海洋生产总值的比重分别为 2.5%、27.5% 和 70.0%，保持“三、二、一”的态势。海洋第一产业比重与海洋第三产业比重有所下降，分别同比下降 0.2 个百分点和 1.2 个百分点，海洋第二产业比重有所上升，较上一年上升 1.4 个百分点，详见图 2－3。涉海制造业发展势头强劲，在 2021 年发挥了“稳定器”的作用，主要海洋产业增加值为 5723 亿元，同比增长 13.3%；海洋科研教育管理服务业增加值为 8922 亿元，同比增长 10.2%；海洋相关产业增加值为 5296 亿元，同比增长 16.1%。

① 数据来源：《广东海洋经济发展报告（2022）》。

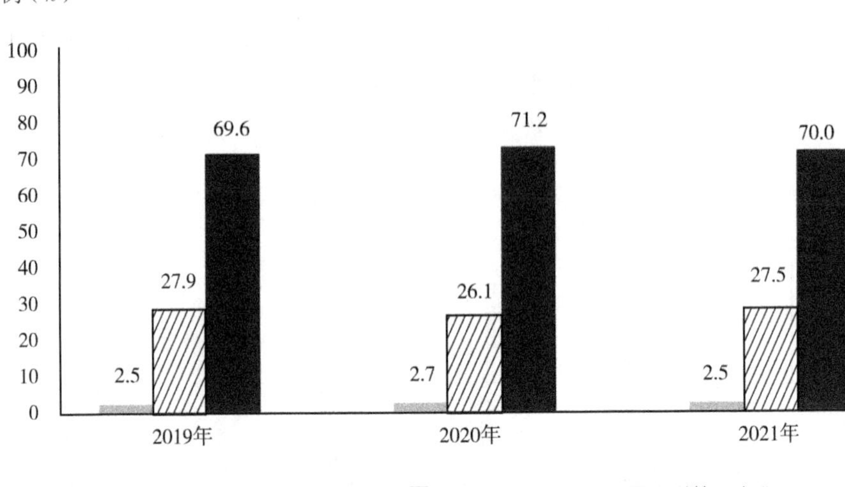

图2-3 2019—2021年广东省海洋三次产业增加值占海洋生产总值比重

（二）主要海洋产业发展情况

2021年，广东出台多项政策措施，加大涉海投入，重点建设海洋六大产业，大力扶持海洋新兴前沿产业，进一步提升海洋优势产业，优化产业结构，促进新旧动能转换，有效促进了海洋产业的复苏与发展。全省主要海洋产业增加值为5722.3亿元，同比增长13.3%。海洋船舶工业、海洋工程建筑业、海洋交通运输业等优势明显，海洋电力业、海洋油气业、海洋矿业等增长势头强劲，海洋旅游业也获得恢复性增长。此外，海洋生物医药业等前沿产业的发展亦取得显著成果。详见表2-1、图2-4。

表2-1 2021年广东省主要海洋产业增加值及可比增速

海洋产业	增加值（亿元）	可比增速（%）
海洋渔业和海洋水产品加工业	598	5.1
海洋油气业	657	43.1
海洋矿业	4.7	30.6
海洋盐业	0.3	-40.0
海洋化工业	231	14.4
海洋生物医药业	58	13.7

续表2-1

海洋产业	增加值（亿元）	可比增速（%）
海洋电力业	46	81.5
海水利用业	4.3	22.9
海洋船舶工业	52	8.3
海洋工程建筑业	64	12.3
海洋交通运输业	1121	13.8
海洋旅游业	2886	9.0

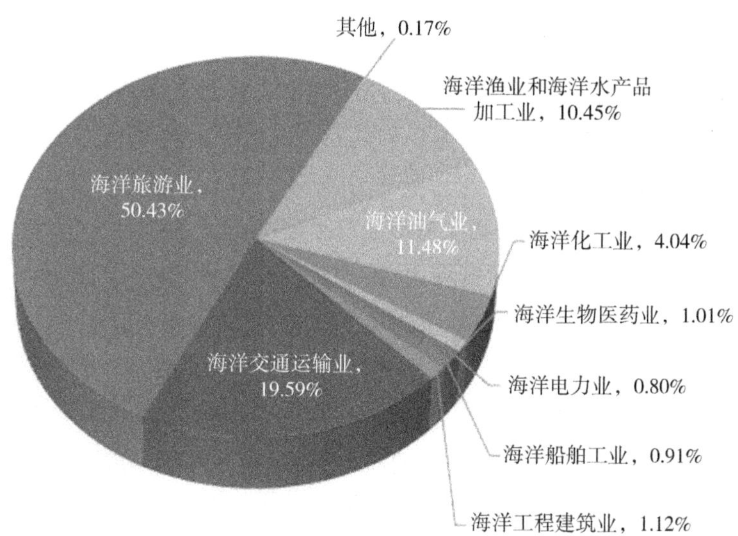

图2-4　2021年广东省主要海洋产业增加值构成

1. 海洋渔业和海洋水产品加工业

海洋渔业产业升级持续推进，渔业安全管理制度“港长制”启动试点，新水产品种研发实现突破并通过国家良种评定，智能深远海养殖模式快速发展，国家级沿海渔港经济区建设启动。2021年，广东省海洋渔业运行平稳，全新养捕模式初见成效，海洋渔业和海洋水产品加工业增加值为598亿元，同比增长5.1%。全省海水养殖产量为336.2万吨，同比增长1.5%；海洋捕捞产量为112.7万吨，远洋捕捞产量为6.1万吨，海水鱼苗量为43.6亿尾，海洋水产品加工总量为105.8万吨。

2. 海洋油气业

2021 年，广东省海洋油气业较上一年有较高的增长，其增加值为 657 亿元，同比增长 43.1%。海洋油气开发能力进一步提高，超过 3000 米深度的深层油田—陆丰油田群成功投产。油气资源勘探取得重大发现，珠江口盆地探得一块油气层厚度超过 400 米，地质储量 5000 万立方米油当量的大型油气田。海洋油气产量保持平稳上升，海洋原油、天然气产量分别为 1744.7 万吨和 132.5 亿立方米，同比增长 8.2% 和 0.7%。

3. 海洋矿业

海洋资源市场化配置稳步推进，湛江徐闻四宗海砂开采海域完成“两权合一”市场化出让。2021 年，全省海洋矿业增加值为 4.7 亿元，较上年增长 30.6%。

4. 海洋盐业

供给侧结构性改革显现成效，去产能、去动能，海盐产量大幅减少。2021 年，全省海洋盐业增加值为 0.3 亿元，同比下降 40.0%。

5. 海洋化工业

加快发展绿色石化战略性支柱产业集群，促进产业升级，打造沿海石化产业经济带，乙烯、合成橡胶等 15 种主要产品产量居全国前三。2021 年，广东省海洋化工业增加值为 231 亿元，较上年增长 14.4%。

6. 海洋生物医药业

对海洋生物医药的政策支持和研发力度持续加大，科技创新平台建设持续推进，科研技术研发成果显著。2021 年，广东省海洋生物医药业增长势头良好，全年增加值为 58 亿元，同比增长 13.7%。

7. 海洋电力业

海上风电装机容量进一步扩大，“三峡引领号”、湛江徐闻海上风电场成功实现并网发电。截至 2021 年年底，全省共有 21 个海上风电项目实现机组接入并网，累计并网总容量 651 万千瓦，同比增长 545.0%。潮流能、波浪能等海洋能开发持续推进，“大万山岛兆瓦级波浪能试验场”通过用海审批。2021 年，广东省海洋电力业全年增加值为 46 亿元，同比增长 81.5%。

8. 海水利用业

海水利用业保持较快发展水平，海水淡化工程规模不断扩大，2021 年全年海水淡化的产水量为 1325.5 万吨；全年海水冷却利用量为 535.3 亿立方米。全年增加值为 4.3 亿元，较上年增长 22.9%。

9. 海洋船舶工业

随着宏观经济形势总体回暖，新船订单量显著回升。2021年，广东省新承接船舶订单和手持海船订单分别为478.7万载重吨和819.2万载重吨，分别比上年增长77.2%和42.1%，市场份额保持领先，船舶绿色化、高端化转型发展加速；但开工不足、原材料价格上涨、劳动用工难问题依然明显，造船完工量有所下滑，当年全省造船完工量232.1万载重吨，同比上年下降13.3%。2021年，广东省海洋船舶工业增加值为52亿元，同比增长8.3%。

10. 海洋工程建筑业

海洋工程建筑业稳步发展，调顺跨海大桥、博贺湾大桥、水东湾大桥等跨海大桥建成通车，伶仃洋大桥、黄茅海跨海通道、深圳到江门铁路的关键工程——珠江口海底隧道等项目有序推进，粤港澳大湾区首个5G绿色低碳智慧港口开港。2021年，全省海洋工程建筑业增加值为64亿元，同比增长12.3%。港口项目完成固定资产投资153.4亿元，同比增长22.1%。

11. 海洋交通运输业

随着对外贸易快速复苏，远洋运力供给不断强化，沿海港口生产能力稳步提升。2021年，广东省海洋交通运输业增加值为1121亿元，同比增长13.8%；完成沿海港口货物吞吐量18亿吨，同比增长3.3%，其中，外贸货物吞吐量同比增长11.2%；完成沿海港口集装箱吞吐量6429万标准箱，同比增长6.4%。

12. 海洋旅游业

随着帮扶政策和刺激消费政策的陆续出台，滨海旅游业发展触底回升，但受疫情多点散发影响，广东省滨海旅游业尚未完全恢复活力。2021年，全省海洋旅游业增加值为2886亿元，同比增长9.0%。14个沿海城市接待游客3.7亿人次，同比增长28.5%；旅游收入为4647.2亿元，同比增长18.5%。

（三）海洋科技创新与海洋人才培养

1. 海洋科技创新成果丰硕

2021年，广东省涉海单位获专利授权总数为33957件，同比增长26.5%，其中，发明专利授权数量为20288件，同比增长31.4%；实用新型专利授权数量为11764件，同比增长24.2%；外观设计专利授权数量为1905件，同比下降1.8%。同时，在海洋电子信息、海上风电、海洋工程装备、海洋生物、海洋新材料等领域的研究取得重大突破，获评广东省科学技术奖项一等奖5个、二等奖10个，获评中国水运建设行业协会科技进步奖项二等奖3个。

2. 海洋关键技术获得突破

国产16兆瓦全球最大海上风机获DNV（挪威船级社）颁发的可行性声明。“漂浮式海上风电成套装备研制及应用示范”项目完成一体化仿真初步设计。全球最大的半直驱风电机组 MySE 16.0－242 机型获得 DNV 和 CGC（北京鉴衡认证中心）颁发的设计认证。全球首个芋螺（桶形芋螺）的全基因组序列被成功破译。国内首个1500米深水自营大气田“深海一号”投产。目前国内设计排水量最大、综合性能最强的海洋综合科考实习船“中山大学”号投入使用。国内首艘专业风电运维船“中国海装001”号下水。国内首款独立自主研发设计和制作的百米级超长碳波混叶片成功下线。首次实现半潜式重吊平台在国内海上风电大直径单桩基础施工的应用。

3. 海洋科技创新平台建设加速推进

截至2021年年底，全省建有覆盖海洋生物技术、海洋防灾减灾、海洋药物、海洋环境等领域的省级以上涉海平台超过145个，其中，国家级重点实验室4个、省级实验室3个、省级工程技术研究中心137个、省级海洋科技协同创新中心1个。广东海上丝绸之路博物馆、中国科学院南海海洋研究所、广东海洋大学水生生物博物馆等5个涉海单位入选2021—2025年全国第一批科普教育基地。广东省智能海洋工程制造业创新中心获批建设。高水平科技创新人才和高端创新资源不断集聚，全省海洋领域的科研基础条件持续夯实，原始科技创新能力稳步提升。全省现有认定涉海高新技术企业达609家。

4. 新旧动能转换成效显著

数字技术与海洋产业融合加深，海洋经济向数字化、智能化方向发展。深圳蛇口妈湾智慧港区是目前全国最大的“5G＋自动驾驶应用示范”港区，集成招商芯、招商 ePort、人工智能、5G应用、北斗系统、自动化、智慧口岸、区块链、绿色低碳共九大智慧元素。港口自主研发的招商芯操作系统，打破此前国外软件码头生产管理系统的独大局面，在国内外码头成功推广应用，实现我国港口系统突破。广州港南沙港区四期工程完成定制化5G覆盖，打造行业领先的“5G＋IGV”全自动化码头。珠海成立“5G＋无人船”创新实验室。宝钢湛江钢铁建成国内行业中首例独立5G工业专网。

（四） 海洋资源利用与海洋生态文明建设

1. 坚定不移筑牢生态安全屏障

《广东省红树林保护修复专项行动计划实施方案》提出实施红树林整体保护等六项举措。实施红树林保护修复专项行动计划，2021 年全省新营造红树林面积 214 公顷。统筹推进海岸线保护与利用、海岸带生态保护修复、海洋防灾减灾、“蓝色海湾”综合整治、美丽海湾建设等规划和行动。高质量建设万里碧道 2075 千米，地表水国考断面水质优良率达 89.9%、近岸海域水质优良率达 90.2%，创国家实施考核以来最好水平。

2. 减碳目标进一步推进实现

以海上风电助力碳达峰、碳中和战略实施。截至 2021 年，全省累计建成投产海上风电项目装机约 651 万千瓦，预计每年可节约标煤约 575 万吨，可减少二氧化碳排放量约 1530 万吨。以红树林为主的“蓝碳”生态系统为实现“双碳”目标发挥积极作用，“湛江红树林造林项目”完成首笔 5880 吨二氧化碳减排量交易，这是我国开发的首个蓝碳交易项目。

3. 绿色海洋经济示范区建设成果显著

广东湛江海洋经济发展示范区加强对企业清洁生产的指导，做实再生资源循环利用。中科炼化一体化项目投入 36.88 亿元，建设防控废水、废气、挥发性有机物（Volatile Organic Compounds，VOCs）、固体废物、噪声、环境风险、地下水污染等 40 余项设施。采用绿色工艺技术和生产设备，最大限度地减少各类污染物的产生，合理设置排水系统和循环利用系统，水资源重复利用率达 98.52%，污水回用率达 76.20%。构建环境应急防控体系，设置 1300 米卫生防护距离带、建设三级水体防控设施、设置地下水污染监测井等。宝钢湛江钢铁公司建设七个二次资源利用项目，二次资源综合利用率达到 99.93%，通过雨水收集、海水淡化和废水回收三种模式并重，实现水资源重复利用率达 98%，严格采用大气污染物特别排放限值，自备电厂提前实施大气污染物排放超洁净标准。

（五） 区域协调与合作共享

1. 珠三角地区进一步发挥海洋经济核心引领作用

珠三角地区海洋产业体系不断健全，形成了海洋先进制造业及现代服务业互补互促、协同发展的产业格局。涉海制造业优势不断加强，已形成广州、深圳、珠海和中山等船舶与海洋工程装备制造基地。海洋科技创新基础设施投入加大，已建成一批高水平涉海创新载体和大科学装置。世界级港口群加速形成，拥有6个亿吨大港，广州、深圳国际枢纽港功能不断增强。基础设施互联互通进程加快，粤澳新通道（青茂口岸）开通启用，“轨道上的大湾区”加快形成。横琴、前海两个合作区建设初见成效，截至2021年12月，横琴实有澳资企业4761户；前海累计注册港资企业1.19万家，其中注册资本1000万美元以上的港企累计近3000家，逐步建成海洋经济开放合作的示范样板和前沿阵地。

2. 粤东、粤西沿海地区不断承接重大海洋项目

粤东、粤西发挥自身比较优势，不断开发自身海洋资源。海上风电、海洋工程装备、海洋生物、绿色石化、滨海旅游等产业发展稳步提升，产业链条不断延伸，持续打造高水平海洋产业集群。巴斯夫湛江一体化基地、中科炼化一体化、茂名烷烃资源综合利用、汕尾陆丰核电、揭阳大南海石化、汕头大唐南澳勒门Ⅰ海上风电等重大项目加快推进。通用电气（GE）揭阳海上风电机组总装基地竣工投产，阳江风电装备制造产业基地加速构建，世界级沿海经济带优势逐渐显现。

3. 粤港澳大湾区海洋经济合作成效良好

粤港澳大湾区是我国积极探索海洋经济开放合作、参与国际竞争的前沿阵地，已初步形成了海洋经济稳步发展、海洋产业门类完整、经济辐射能力较强的开放型经济体系。其“9+1+1”城市群中海洋产业的发展优势各不相同，合作发展空间较大。《广东省海洋经济发展“十四五”规划》提出，要全力推进粤港澳大湾区建设，发挥香港—深圳、广州—佛山、澳门—珠海强强联合引领带动作用，共同打造世界级湾区，涉海合作政策红利密集释放。港珠澳大桥、深中通道、狮子洋通道等重大涉海基础设施相继建设，海洋生产要素流动加速，海洋经济合作已由传统的海洋渔业、交通运输、滨海旅游逐渐扩展到涉海金融、保险、会计、法律仲裁、工程咨询等专业服务领域，加快以互利共赢为基础的海洋服务业深度融合发展。

4. 大湾区海洋经济合作国际化程度不断提高

粤港澳大湾区建设是“一带一路”倡议的重要支撑区域，根据2021年举办的粤港澳大湾区国际贸易合作论坛数据，粤港澳大湾区国际贸易总额于2020年已超过了14万亿元，居全球各湾区之首。港澳是世界高开放程度的自由贸易港，分别是我国参与“一带一路”建设中英联邦国家和葡语系国家的“超级联系人”“精准联系人”，为粤港澳涉海企业加强海洋经济合作、“拼船出海”参与“一带一路”建设提供了先天优势。随着海运贸易规模的不断提升，大湾区已成为参与经济全球化和国际分工协作的“主阵地”，据海关总署广东分署统计，2021 年广东对“一带一路”沿线国家进出口总额达 2.04 万亿元，同比增长 16.3%，位居全国前列。海洋经济“走出去”步伐逐渐加快，与沿线国家和地区开展海上经贸、产能合作、互联互通等关系日益密切，双边、多边海洋经济利益纽带日益牢固，建立了广泛的蓝色伙伴关系。

二、广东海洋经济高质量发展水平评估

本节从创新、协调、绿色、开放、共享五个维度分析了海洋经济高质量发展的内涵，构建了海洋经济高质量发展水平综合评价体系，进一步对广东省海洋经济高质量发展水平进行总体评估和分维度评估。

（一）海洋经济高质量发展的内涵

海洋经济高质量发展，是海洋经济的量增长到一定阶段，海洋综合实力提高、海洋产业结构优化、海洋社会福利分配改善、海洋生态环境和谐，从而使人海“经济—社会—资源环境”系统实现动态平衡的结果。发展模式应由数量维向质量维转变，发展动力由规模扩张向产业结构优化升级转换，驱动要素由传统海洋要素向创新要素转换，资源要素由分散低效配置向陆海一体化高效配置转变，通过新旧动能转换，实现海洋经济的提质增效。

海洋经济高质量发展是一项较为复杂的系统工程，难以用单一指标衡量，应遵循“创新、协调、绿色、开放、共享”五大发展理念，立足海洋经济阶段性特征，突出指标的时代性、系统性、区域性、科学性和可操作性，把海洋高质量发展任务具体化、指标化。本部分内容聚焦“经济发展、改革开放、城乡建设、文化建设、生态环境、人民生活”六个高质量发展任务，基于新时代对海洋经济高质量发展内涵、任务及要求的认识，从创新发展、协调发展、绿色发展、开放发展、共享发展这五大维度，构建由5个二级指标及相应的18个三级指标组成的海洋经济高质量发展评价指标体系，以求全面阐述广东海洋经济高质量发展水平的动态演进路径。详见表2-2。

1. 创新发展维度

技术进步是产业发展的根本动力，推动海洋经济高质量发展，必须将创新作为引领海洋经济发展的第一动力，创新的乘数效应越大，海洋经济发展的质量也就越高。本部分内容从海洋创新产出与海洋科研队伍质量等方面考虑，包括4个三级指标。

表 2－2　海洋经济高质量发展水平综合评价体系

一级指标	二级指标	三级指标	单位
海洋经济高质量发展水平	创新发展维度（0.3012）	海洋科技课题数	个
		海洋科研专利申请受理数	个
		海洋相关论文发表数	篇
		海洋科研机构高级职称人数占科研机构科技活动人员比重	%
	协调发展维度（0.2214）	海洋生产总值占地区生产总值比重	%
		城乡居民收入比值	—
		海洋二、三次产业占比	%
	绿色发展维度（0.1865）	海洋水产品与常住人口比值	—
		自然保护区面积占区域面积比重	%
		治理废水项目完成投资额	万元
		海洋风电装机容量	兆瓦
	开放发展维度（0.1521）	港口货物吞吐量	万吨
		货物进出口总额	万元
		海洋旅游业生产总值	万元
		涉海跨国公司总数	家
	共享发展维度（0.1388）	涉海就业人数	人
		海洋专业在校学生数	人
		海洋科研教育管理服务业占海洋生产总值比重	%

2. 协调发展维度

海洋经济在一定程度上是陆域经济活动在海洋上的延伸，随着海洋资源开发广度和深度的加大，海洋和陆地作为一个紧密联系的协同系统，统筹考虑越来越重要。因此，本部分内容从海陆统筹、产业结构、城乡差距等方面反映协调发展维度，确立了 3 个三级指标。

3. 绿色发展维度

工业作为经济社会发展的重要组成，决定了其与环境的相互依赖程度，但海洋环境资源的过度损耗将危及海洋经济的可持续增长。因此，实现海洋经济高质量发展必须将绿色理念贯穿于发展全过程，注重海洋环境污染防治，保护海洋生物多样性，利用海洋清洁能源，实现海洋经济绿色可持续发展。该维度包括 4 个三级指标。

4. 开放发展维度

海洋经济高质量发展要主动顺应经济全球化潮流，牢固树立开放发展理念，加大开放深度，提高对外开放质量。考虑到港口、港城开放度指标都较低以及数据的可得性、统一性，现将港口与港城统一于一个面板中。该维度包括4个三级指标。

5. 共享发展维度

实现经济高质量发展，其根本目的在于保证全体人民在发展中有更多获得感，不断满足人民对美好生活的需要。就业创业和社会保障体系的完善，公共服务供给质量的提高，是评判海洋经济共享发展的重要标准，该维度包括3个三级指标。

（二）广东省海洋经济高质量发展水平综合评价

通过熵权法计算海洋经济高质量发展水平指标体系中的权重，根据各指标的权重公式以及指标评价分的计算式，可以得出广东省海洋经济高质量发展水平指数、海洋经济创新发展水平指数、海洋经济协调发展水平指数、海洋经济绿色发展水平指数、海洋经济开放发展水平指数、海洋经济共享发展水平指数分维度，并绘制2015—2021年各维度水平的走势图。详见图2－5。

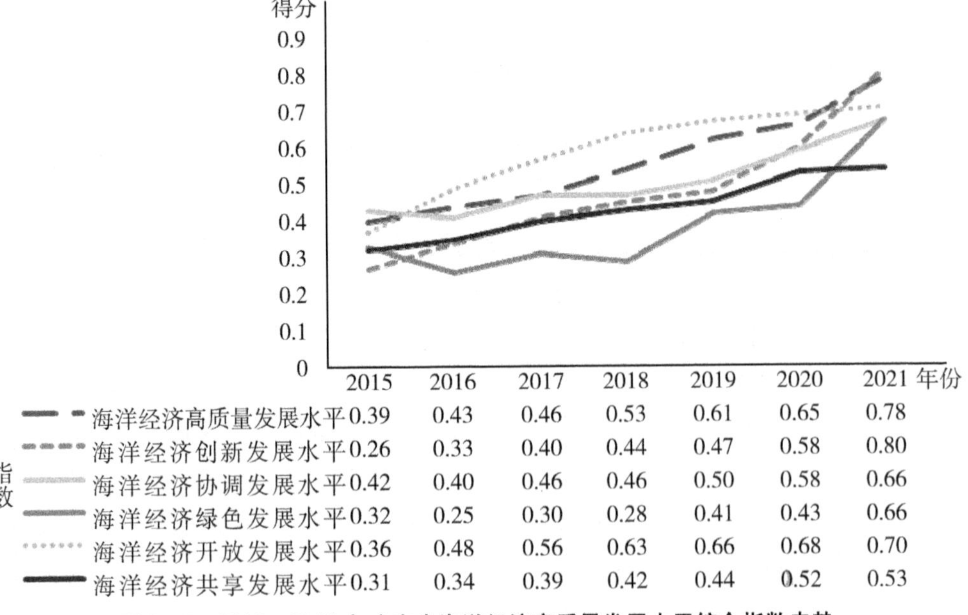

指数	2015	2016	2017	2018	2019	2020	2021
海洋经济高质量发展水平	0.39	0.43	0.46	0.53	0.61	0.65	0.78
海洋经济创新发展水平	0.26	0.33	0.40	0.44	0.47	0.58	0.80
海洋经济协调发展水平	0.42	0.40	0.46	0.46	0.50	0.58	0.66
海洋经济绿色发展水平	0.32	0.25	0.30	0.28	0.41	0.43	0.66
海洋经济开放发展水平	0.36	0.48	0.56	0.63	0.66	0.68	0.70
海洋经济共享发展水平	0.31	0.34	0.39	0.42	0.44	0.52	0.53

图2－5 2015—2021年广东省海洋经济高质量发展水平综合指数走势

1. 广东省海洋经济高质量发展总体水平评价

根据图2－5可知，广东海洋经济发展质量水平总体上呈波动上升趋势，在此过程中，2015—2019年广东省海洋经济高质量发展水平处于加快增长阶段，2020年增长速度放缓，2021年又重新呈现较快增加态势。可以看出，我国海洋经济发展对外界环境变化较为敏感，受宏观经济形势、国际经济环境影响较大，缺乏内部自稳定机制。同时，广东省海洋产业结构的短板也凸显出来，海洋旅游业占广东省主要海洋产业产值的一半，在疫情的突然冲击下，必然会严重影响海洋经济表现。

2. 广东省海洋经济五大维度高质量发展评价

（1）创新发展维度评价。创新发展权重在海洋经济发展质量指标中居于第一位，表明科技创新对于海洋经济质量的提高起着举足轻重的作用。从海洋经济创新发展水平指数走势图可以看出，广东省海洋经济的科技创新能力在考察期有了显著的提升，其提升水平在五大维度中是最高的，科技创新成为海洋经济高质量发展水平提升的主要“发动机”。近年来，广东省沿海城市各级政府非常重视海洋科技创新能力的提升，以科技兴海作为贯彻落实海洋强国、海洋强省战略的主要抓手，积极促进产业升级，大力培育战略新兴海洋产业。从图2－5可以看出，2019年海洋经济创新发展水平迎来增长率的上升拐点，显示出海洋六大产业建设等政策的成果初步显现。

（2）协调发展维度评价。协调发展权重仅次于创新发展，说明促进海洋经济协调发展对海洋经济高质量发展水平的提升非常重要。总体上，广东省海洋经济协调发展水平在考察期内呈现上升趋势，在考察期前期呈现小幅波动，2019年左右开始出现快速增长。陆海空间功能布局、基础设施建设、资源配置等协调不够，土地和海域使用政策衔接不畅等情况是海洋经济协调发展中的常见问题，区域间海洋经济发展产业链、资金链、技术链缺乏统筹协调，地方保护主义等现象也依然存在。2019年《粤港澳大湾区发展规划纲要》出台，海洋经济协调发展迎来黄金时期，粤港澳大湾区城市不断发挥自身海洋经济比较优势，加强政策协调和规划衔接，优化海洋区域功能布局，提升广东海洋发展的整体性。

（3）绿色发展维度评价。绿色发展反映了海洋经济发展与海洋生态环境的协调性以及可持续性。绿色发展的权重次于协调发展。从绿色发展水平指数的得分来看，广东省海洋生态建设在总体上也是有很大成效的，但其过程比较波折。2015—2017年，广东省生态效益提升缓慢且不稳定，一方面源于海洋灾害的破坏，另一方面源于企业环保意识薄弱，部分管理机构的管理模式存在缺陷，陷入了污染、治理、再污染、再治理的死循环，环境保护制度不健全、惩罚不严厉的问题尤为凸显。但是，这种情况在之后有所改善，广东省相继出台《广东省海洋生态文明建设行动计划（2016—2020）》《广东省海洋生态红线》等文件，从图 2-5 可以看出，自 2018 年始，广东省海洋经济绿色发展驶入正轨并进入“快车道”。

（4）开放发展维度评价。对外开放水平在广东省经济发展质量指标体系中所占的比重相对较小，从图 2-5 可以看出，广东省海洋经济开放发展水平在考察期的初期就有较高的得分，这得益于广东多年来形成的经济环境优势。同时，从折线走势可以看出，广东省海洋经济开放发展水平的增长是逐渐放缓的，主要原因是近年来国际政治经济形势愈发严峻，较高的开放程度对海洋经济发展提供的优势不断减弱，国际贸易受到严重影响，核心海洋技术遭到封锁。要弥补海洋经济开放发展式微的态势，则需要集力推动海洋关键技术突破，打破技术垄断的“卡脖子”之痛，着力促进海洋产业“强链”“补链”形成双循环的新发展格局。

（5）共享发展维度评价。从图 2-5 可以看出，广东海洋经济共享发展水平总体上呈现稳步上升的趋势。海洋经济的快速发展创造了更多的就业机会，助力了人均海洋经济总量的提高，同时加快完善了海洋相关教育管理，海洋经济发展的红利日益渗透在人们日常生活的各方面。然而，广东海洋经济共享发展总体上仍处于一个偏低的水平，且提升较为缓慢。后续相关管理部门要进一步提升海洋公共服务水平，提高海洋经济发展的社会效益。

三、广东海洋经济发展的优势与挑战

广东省海洋经济的发展具备优良的自然条件、经济环境及科技创新环境优势，同时也面临着来自国际、国内及省内的挑战。

（一）广东海洋经济发展的优势

1. 自然条件优势

广东省东邻福建，北接江西、湖南，西连广西，南临南海，珠江口东西两侧分别与香港、澳门特别行政区接壤，西南部雷州半岛隔琼州海峡与海南省相望。广东省拥有优越的海洋资源禀赋，以及得天独厚的发展海洋经济的优势。

（1）海域宽广，岛屿众多。广东全省海域总面积约 42 万平方千米，是陆域面积的 2.3 倍。拥有海岛 1963 个，总面积 1513.17 平方千米，数量仅次于浙江、福建两省，居全国第三位，其中面积为 500 平方米以上的岛屿 759 个，大于 50 平方千米的海岛 9 个，另有明礁和干出礁 1631 个，主要海岛群包括南澳、达濠、靖海、遮浪、大亚湾、万山、横琴、高栏、川山、海陵、湛江港、新寮等和东沙群岛。

（2）岸线绵长，港湾优良。大陆海岸线东起与福建省交界的大埕湾头东界，西至与广西壮族自治区交界的英罗港洗米河口，全长 4114.3 千米，居全国首位。深水岸线长 1510 千米，适宜建港的海湾 200 多个，其中，广澳湾、大亚湾、大鹏湾、伶仃洋、高栏列岛、海陵湾、湛江湾、琼州海峡北岸等具有建造 10 万～40 万吨级港口的条件。

（3）资源丰富，开发潜力巨大。在海洋生物资源方面，共有浮游植物 406 种、浮游动物 416 种、底栖生物 828 种、游泳生物 1297 种。海洋药用生物资源约 7500 种，其中，南海特有的达 480 种。在海洋能源资源方面，珠江口外海域和北部湾的油气田勘探获得重大突破，已打出多口出油井。沿海的风能、潮汐能和波浪能都有极高的开发潜力。在海洋旅游资源方面，广东滨海自然景观和人文景观类型丰富多样，形成了山水风景、水库湖泊、园林温泉、天然浴场、海岛胜地、自然物象、历史古迹、古建筑群、名人故居等多种类型的滨海旅游资源，汕头南澳岛、惠州巽寮湾、阳江海陵岛、湛江东海岛等都是国内外著名的滨海旅游胜地。

2. 经济环境优势

广东省是中国经济发展的“领头羊”，截至2021年年底，地区生产总值连续33年居全国第一。得益于较早进行改革开放，广东积累了雄厚的物质基础，产业转型升级总体水平走在全国前列，良好的经济环境为海洋经济高质量发展提供了坚实的基础和广阔的平台。

（1）总体经济实力雄厚。作为我国改革开放的前沿，广东经济独占鳌头。国家统计局发布数据显示，2021年，广东省经济总量达到12.4万亿元，占全国的10.9%，连续33年领跑全国；人均生产总值达9.8万元，位居全国第四，按照平均汇率折算，突破1.5万美元，远超世界银行制定的高收入国家人均收入标准。

（2）产业结构不断优化。从生产端看，第三产业发展兴旺，创新创业势头正劲。根据《2021年广东省国民经济和社会发展统计公报》数据，2021年广东三次产业占比为4.0：40.4：55.6，相比于全国的7.3：39.4：53.3，第三产业占比明显较高，并且广东第三产业占GDP比重逐年上升，从2012年的44.33%升至2021年的55.6%，其中，2020年占比更是高达56.5%，对GDP增长贡献率达59.9%。工业发展方面，广东省是我国工业发展的“排头兵”，具有较为完善的工业体系。2021年广东省规模以上工业增加值为3.7万亿元，占全国的10.1%。其中，制造业基础扎实，规模在全国领先，2015年以来制造业增加值持续占工业的90%以上。

（3）企业融资方式多样。广东对资本的吸引和集聚能力十分突出。根据广东金融统计数据，2021年广东省以不足全国9%的人口，吸引了全国约16%的净存款①。广东省净存款占全国净存款比重从2009年的13%稳步上涨至16%以上。2012—2021年，广东省常住人口从1.10亿人增长到1.27亿人，而金融机构人民币各项存款余额从9.2万亿元攀升至28.25万亿元，年均增速达到12.7%，高于全国1.5个百分点。广东省信贷扩张速度也高于全国水平，2021年各项贷款余额21.58亿元，相比于2012年的5.75万亿元，

① 净存款＝存款余额－贷款余额。

年均增速达15.2%，比全国高1.8个百分点。2022年上半年，广东省存贷款余额分别进一步上升至30.2万亿元和23.15万亿元，分别占同期全国存贷款余额的12.0%和11.2%，占比继续攀升。企业直接融资规模也保持增长态势，广东证监局发布数据显示，“十三五”期间，广东企业通过境内资本市场直接融资（IPO、增发股票、发行公司债及资产证券化产品等）逾3万亿元，较“十二五”期间增长2.4倍，直接融资规模明显扩大。2021年资本市场直接融资总额超1.3万亿元，2022年上半年实现直接融资814家次，融资金额达6105.4亿元，同比增长30.32%，占全国资本市场直接规模的17.09%，居各省市区首位。

3. 科技环境优势

“十三五”时期以来，广东省扎实推进粤港澳大湾区国际科技创新中心和创新型省份建设，创新发展优势不断扩大，区域创新能力持续提升，为海洋经济的发展提供了良好的科技创新环境。

（1）科技创新综合实力强大。《广东省科技创新“十四五”规划》显示，广东省区域创新能力自2017年起连续四年居全国首位。2020年，全社会研发（R&D）投入超过3400亿元，研发经费投入强度（R&D/GDP）从2015年的2.47%提高到3.14%；全省基础研究经费投入从2015年的54亿元增长至2019年的142亿元，占全社会研发经费比重达5.0%。每万人研发人员全时当量从2015年的50.17人年提高到2019年的69.72人年。每万人口发明专利拥有量从2015年的12.8件提高到28.0件；PCT国际专利申请量超过2.8万件，约占全国一半。

（2）区域创新体系较为完善。《广东省科技创新“十四五”规划》显示，近年来，广东省企业技术创新主体地位不断提升，高新技术企业数量从2015年的1.1万家增长到2020年的5.3万家，企业总量、总收入、净利润等均居全国第一；规模以上工业企业建立研发机构比例达43%。基础研究体系不断完善，拥有国家重点实验室30家、省实验室10家、省重点实验室430家。成建制、成体系引进21家高水平创新研究院落地建设，建成省级新型研发机构251家。2所大学和18个学科入选国家“双一流”建设名单，进入ESI全球前1%的学科数量位居全国第四。广东省与科技部、教育部、工业和信息化部、中国科学院和中国工程院“三部两院一省”产学研合作向纵深发展。

（二）广东海洋经济发展面临的问题与挑战

当前，广东省海洋经济处于向高质量发展的战略转型期。多年来，海洋经济快速增长，其总量已占到地区生产总值的16%，是拉动地区经济增长的重要组成部分。同时，我们也要清醒地看到，海洋经济发展中仍面临着诸多不充分、不协调、不可持续的问题，这些问题集中体现在科技创新、海洋经济绿色发展、区域协调、宏观经济环境等几个方面。

1. 广东海洋经济发展面临的问题

（1）国际问题。全球产业链、供应链加速重构，海洋产业链受到影响。在疫情冲击下，产业链、供应链中断，中间产品贸易额大幅下滑，高度融入全球价值链和高度依赖外部需求的出口导向型经济体受到的冲击尤其巨大，加之近年来极端主义、民粹主义、保护主义盛行，“退群”“脱钩”“断链”行为不断增多，主要经济体开始加快布局调整产业链、供应链，推动其短链化、区域化、本地化、分散化发展，打造自主可控、安全高效的产业链、供应链。

保护主义抬头，海洋经济的对外交流与贸易受到阻滞。拜登政府重回“多边主义”，以更加积极的姿态联合盟国与伙伴国，希望凭借占全球一半GDP的实力塑造从环境、劳动到贸易投资、技术及透明度等规则，阻止中国主导未来技术和产业，最终将竞争对手锁定在全球供应链或价值链的中低端。而受全球性保护主义和经济下行压力影响，全球贸易量下降，不利于港城经济体系发展。

（2）国内问题。疫情蔓延，宏观经济形势依然严峻。多数经济体采取隔离、封锁等非常手段予以应对，导致经济活动停摆，产业链、供应链中断，对高度依赖人员互动的零售贸易、休闲娱乐、餐饮住宿、旅游和交通运输服务等行业造成巨大冲击，使生产端和需求端同时陷入低迷状态。海洋经济中，滨海旅游业、海洋交通运输业等也将受到持续影响。

海洋科技资源不足，自主创新能力仍需增强。一是海洋核心技术以及产业关键共性技术不足。例如，高端船舶与海工装备制造领域企业更多地进行装备组装工作，对于核心技术与关键配件的自主研发与生产能力需要进一步加强。海水淡化的核心技术尚待提高，例如，对反渗透膜组件、高压泵等核心组件的研发需要进一步突破，万吨级海水淡化工程尚需国外技术支持，海水循环冷却的强制标准和海水冷却化学品环境安全评价体系尚需完善。二是产学研合作机制有待完善。以海洋经济实力较强的山东省为例，全省科技成果中的基础性研究成果约占五分之四，剩余五分之一为应用性研究成果，科研成果与市场需求匹配度亟须提高，企业需求与高校研发合作一体化机制有待建立。三是海洋经济发展相关基础领域的研究水平需要进一步提高。例如，中国在海洋生物技术和药物领域与国际先进研究水平相比仍有一定的差距，制约了海洋药物与生物制品产业的发展。

海洋经济开发方式粗放，资源开发利用程度尚需提高。一是海洋生态系统退化，生物资源有所衰退。例如，长期高强度的捕捞开发、水体污染和围填海活动使近海鱼虾种群量不断减少、渔业资源严重衰退、渔获低值化问题凸显，需要加快转型升级。二是用海矛盾问题持续存在，海洋空间资源趋紧。例如，在一些海洋产业聚集区，特别是大城市，各产业竞争性、粗放性地抢占和使用岸线，生产、生活与生态空间缺乏协调，造成港城矛盾凸显、亲水空间缺乏、生态空间受损等一系列问题。三是海洋产业布局趋同，岸线、港口等优势资源的开发利用效率低。例如，沿海港口布局密度大，同质化竞争问题尚存，资源浪费问题仍未完全解决。

2. 广东海洋经济发展面临的挑战

（1）海洋科技进步与创新发展的挑战。海洋核心技术自给能力不足。相关海洋产业关键技术自给程度低，海洋装备的一些关键部件与材料依赖进口，海洋技术“卡脖子”问题仍亟待解决。目前，广东省重点支持的海洋风电产业、海洋工程装备产业等在核心技术、关键技术上仍有待突破，如海上风电风机设备的抗风防腐技术、浮式液化天然气储卸装置相关技术、深海探测、安装与维修作业潜器相关技术等都需要依靠进口，严重制约了海洋产业在新经济形势下的发展。

海洋创新成果转化效率有待提高。近年来，广东省海洋科技创新成果产出虽快速增长，但创新成果的转化率偏低，尤其是高校、科研院所产出的科研成果无法有效与企业对接，实现高效转化。一方面，广东省仍没有一部完整的关于海洋创新产学研合作方面的法律法规，对产学研合作中的利益分配、责任划分、股权分割等问题没有一个统一、权威的标准，导致长期合作难以维持。另一方面，欠缺专业化、市场化、具有权威性的科技成果转移和交易平台，高校与企业供需错配的问题亟待解决，海洋科技成果转化服务链条尚需完善。

现有海洋人才及培养模式不能满足发展需要。一方面，高层次海洋技术人才与管理人才匮乏，缺乏高端技术装备的基础研发人才、创新型研发人才、高级营销和项目管理人才等，尤其是缺乏精通海工、电子信息、船舶等的高端复合型人才。另一方面，海洋人才培养模式不能满足海洋经济发展需要。当前，海洋专业学科设置覆盖面较窄，在未来海洋人才的培养上，应把海洋科学与其他相关科学及技术更好地结合起来，提高海洋人才的综合能力。

（2）海洋环境保护与绿色发展的挑战。海洋自然灾害频发。2021 年，广东省沿海地区共发生风暴潮过程 6 次，2 次造成灾害，共造成直接经济损失 0.28 亿元；发生赤潮灾害 14 次，累计受灾面积 196.47 平方千米；此外，海浪、海岸侵蚀、咸潮入侵也给海岸周边带来不同程度的损害，要提高相关防范意识，增强预警机制，减少海洋灾难造成的人员伤亡和财产损失。

红树林生态环境退化严重。受病虫害、外来生物入侵以及工业废水和生活污水的影响，天然红树林的面积减少，生态环境失衡，生物多样性降低，保护、修复红树林刻不容缓，广东省相关部门对红树林的保护、监管以及整体协调能力亟待提升。

（3）陆海统筹与区域协调发展的挑战。海陆经济统筹衔接有待强化。陆海统筹是指沿海城市通过海陆资源统筹开发、海陆产业协调布局、海陆交通规划建设、生态环境联合保护等方式，充分发挥海洋在资源环境保障、经济发展和国家安全维护中的重要作用，促进海陆两大系统的优势互补、良性互动和协调发展，建设海洋强国，构建大陆文明与海洋文明相容并济的可持续发展格局。虽然，广东省陆续出台有关于海域空间配置的文件，但土地和海域使用政策的衔接仍有欠缺，在陆海空间功能布局、基础设施建设、资源配置等方面，广东省还有提升的空间。

区域间协调发展的阻碍需要进一步破除。广东省已在宏观层面规划了“一核一带一区”的区域发展蓝图，力图形成分工合理、协调发展的区域新格局，然而在微观层面仍有不少因素阻碍着区域协调发展格局的形成，比如区域间海洋产业链、资金链、技术链缺乏统筹协调，地方保护主义现象依然存在。政府在海洋资源资产价值评估、海洋产权交易、海洋数据服务、企业信息对接平台等领域仍需要开拓创新，为海洋经济营造更加顺畅的发展环境，减少因企业间、政企间和银企间信息不对称带来的问题。

四、广东海洋经济发展对策

广东省应从加强科技创新、提升政府宏观调控能力、建立健全生态补偿机制、优化海洋经济产业结构等方面发力，以推动海洋经济高质量发展，高效推进海洋强省建设。

（一）以科技创新为根本动力，促进海洋经济高质量发展

1. 优化协同创新体制机制，提升海洋创新系统整体能效

（1）加强海洋创新平台建设。加强广东海洋创新联盟“四大平台”建设，提升其在科技信息公共管理、联合科研攻关、科技成果转化和人才交流合作等方面的角色地位。加快推进广东海洋协会、粤港澳联合实验室、省级制造业创新中心等其他涉海平台在海洋领域的应用，发挥其在资源整合、信息互通、知识互补上的优势。

（2）促进官产学研深度合作。在建立官产学研创新合作平台的基础上，加快制定促进高校、科研院所科技成果产业化转化的政策，积极引导官产学研深度交流合作；官产学研要有各自的领头人（如中国科学院南海海洋研究所、中山大学、中集海洋工程有限公司等），在各自领头人的带领下结成创新联盟，形成同类机构抱团聚力，不同类机构优势互补的合作格局；建立公平合理的分配机制，积极推广资金、技术、管理、市场等多种入股模式，实现各方长期合作。

（3）推动创新资源优化配置。构建专业高效的海洋成果与技术交易服务体系，培育专业化海洋中介服务机构，加强成果评价、信息发布、融资并购、公开挂牌、竞价拍卖、咨询辅导等专业化服务水平；推动深圳全球海洋大数据中心建设，实现海洋大数据共享；加强共享科研载体建设，推进重点实验室共享、大型科研仪器设备共享、综合科考船共享等。

2. 推动海洋核心关键技术突破，强化海洋科技自主战略支撑

（1）支持重点海洋产业技术突破。围绕海洋电子信息、海上风电、海洋

工程装备、海洋生物、天然气水合物、海洋公共服务业等广东省海洋重点产业的核心设备与关键技术进行重点突破；设立专项财政资金，支持科技研发和成果转化；设立科技信贷风险准备金，帮助科技型海洋中小企业更便捷地获得金融机构的融资款项。

（2）推动海洋重点实验室建设。争取国家海洋重点实验室、重大海洋科技基础设施落户广东，加快建设一批海洋重大科学装置，推进海洋科学前沿研究。加快推进广州、珠海、湛江三地南方海洋科学与工程广东省实验室建设，依托冷泉生态系统大科学装置、天然气水合物钻采船、海洋生物演化与保护学研究中心等大型科技支撑平台，加大对海洋环境学、物理学、化学、生物学等学科前沿性理论的研究。

3. 优化海洋人才培养策略，汇聚高层次、综合性海洋人才

（1）推进海洋学科高水平建设。围绕中山大学、华南理工大学、广东海洋大学建设拥有国际化、高水平、研究型的世界顶尖海洋专业的大学，构建“强交叉、大综合”的新型特色学科体系，培养海洋领域拔尖创新人才，打造全球高端海洋人才汇聚地。开展涉海类二级学科自主设置和交叉学科设置，优化涉海类博士、硕士学位授权点结构。

（2）促进粤港澳海洋领域学术交流与合作。利用好港澳地区的优质教育资源与人才储备，加强粤港澳地区的人才交流与合作。举办“两岸三地”海洋学术论坛等，促进学术交流、人才联合培养、合作研究；加强与国内外高校的深度合作、共建共享，探索校企合作、产教融合模式。

（二）提高政府宏观调控能力，促进沿海地区均衡发展

1. 统筹建立合作机制，构建协调发展新格局

坚持分类引导、整体谋划，通过沿海地区市级政府间的横向合作，建立职能部门间常态化交流的定期例会制度，加大各级干部交流，寻求沿海地区区域合作方向，突破行政区划障碍，提升区域资源的优化配置，形成区域协调发展新格局。发挥政府引导作用，加快海洋中心城市的建设与发展步伐。

2. 强化“一核一带一区”区域发展格局空间响应，推动陆海一体化发展，加快形成“一核、两极、三带、四区”的海洋经济发展空间布局

抢抓国家战略机遇，高起点制订（修编）城市、港口规划，推动国家重大项目落户；提升集聚重大项目的能力，加快建设成为沿海地区新的经济增长极；加大改革创新力度，推动县域经济协调发展；积极转变政府职能，推

进省直管县试点，进一步进行扩权强县试点，特别是财政管理体制和财政管理方式的改革，减少运转层次，提升管理效率；释放县域改革红利，形成专业化生产、特色化经营的县域协调发展格局。

（三）建立健全生态补偿机制，推动沿海地区生态发展

1. 确定合理的生态保护补偿标准

能否确定科学有效的补偿标准是生态保护补偿机制能否实施的关键，合适的补偿标准介于生态保护者投入的恢复保护成本与其所提供的生态服务价值之间。以沿海地区自然保护区和生态湿地提供的生态产品为基础，通过过公众支付意愿、补偿意愿的调查分析，同时结合社会经济发展水平，确定科学、合理、动态的补偿标准，探索建立多元化的补偿模式。

2. 充分发挥政府统筹分配主体作用

一方面，争取纵向财政转移支付；另一方面，引导鼓励受益地区与沿海生态保护地区协商建立补偿关系，建立人才培训、资金补偿、产业转移等多元化的补偿模式，完善生态保护配套制度体系。推动广东沿海城市出台污染防治条例、污染物排放标准等规范性文件和地方性法规，建立日常监察和定期督察相结合的环保监察制度，实行环保与公检法等部门的执法联动机制，增强环保合力。

（四）优化海洋经济产业结构，推进海洋产业高质量发展

1. 做优海洋第一产业

推进高效设施渔业和现代渔业园区建设，运用物联网技术，建设推动智能化、自动化立体养殖，控制近海捕捞，加快发展过洋性渔业、大洋性渔业等远洋渔业。同时，发挥滩涂资源优势，积极开展耐盐农作物基因工程改良和培育，大力发展盐土产业，特别是耐盐蔬菜、中药材等特色植物，优化调整海洋传统产业。

2. 做强海洋第二产业

建设一批海洋科技创新平台，打造新型海洋研发载体，加强对海水综合利用、海洋新能源、海洋工程装备制造等重点领域的研究攻关，推进海洋产业关键技术突破，深入实施重大科技成果转化，不断提升海洋科技创新研发能力，发挥创新支撑引领作用。

3. 提升海洋第三产业

大力发展海洋旅游业，打造以生态湿地、江风海韵为主要特色的国内一流旅游目的地，建成集休闲、度假、生态旅游为一体的旅游经济带，不断提升海洋第三产业比重和作用。

Ⅲ

中观经济编

一、区域篇

本部分内容参考《广东海洋经济发展报告（2022）》，在区域层面，将广东省海洋经济空间划分为珠三角、粤东和粤西三大地区，其中，珠三角地区包括广州、深圳、珠海、惠州、东莞、中山、江门、佛山八大地级市，粤东地区包括汕头、潮州、汕尾、揭阳四大地级市，粤西地区包括湛江、茂名、阳江三大地级市。本篇将从海洋经济概况、发展特征、发展趋势等角度对各地级市的海洋经济发展水平进行分析。

（一）珠三角地区海洋经济发展水平分析

珠三角地区地处广东地区核心地带，地理位置优越，海洋资源丰富，对外交通便捷，科技创新资源聚集，是广东海洋经济发展的“排头兵”。总体来看，珠三角地区海洋经济发展能级持续提升。一方面，海洋传统优势产业提质增效；另一方面，海洋新兴产业加速发展，基本形成门类较为齐全、优势产业较为突出的现代海洋产业体系。广州、深圳、珠海、东莞等港口已迈入亿吨大港行列，以广州、深圳为核心的国际航运网络不断完善，高效便捷的现代综合交通运输体系正在加速形成。在海洋科技创新方面，珠三角地区拥有一批在全国乃至全球具有重要影响力的高校、科研院所、高新技术企业和国家大科学工程，创新要素吸引力强，创新要素集聚，海洋科技研发、转化能力突出。

1. 广州

广州在全省海洋经济版图中占有重要分量。作为沿海开放城市，广州港口航道资源优越、陆海要素兼备、海洋产业体系完备，在助力我国海洋强国及广东海洋强省战略实施过程中一直发挥着主力军作用。

（1）海洋经济综合实力稳步提升。近年来，广州依托良好的海洋产业基础，着力推动优势海洋产业提质升级，大力发展海洋新兴产业，全市海洋经济稳步增长。广州海洋生产总值从 2015 年的 2632. 8 亿元稳步增加到 2020 年的3146.1亿元，约占全市GDP的12.6%。海洋第二、第三产业发展迅速，海洋交通运输业、滨海旅游业、海洋产品批发与零售业、海洋工程装备制造业增加值占海洋生产总值的比重达60%。[①] 国际航运综合服务功能增强，国际航运枢纽地位更加稳固。根据《新华·波罗的海国际航运中心发展指数报告（2020）》，广州位居全球第13位，全国第4位。

（2）海洋科技创新步伐加快。广州集聚了一批面向前沿领域的国家、省级涉海科研单位和龙头企业。广州海洋地质调查局天然气水合物勘查与试采工作取得重大进展。南方海洋科学与工程广东省实验室（广州）、广东智能无人系统研究院及广东腐蚀科学与技术创新研究院等落户广州，海洋科技创新体系逐步完善，自主创新水平有效提升。冷泉生态系统观测与模拟大科学装置、极端海洋动态过程多尺度自主观测科考设施完成预研前期工作，新型地球物理综合科学考察船“实验6”正式投入使用，天然气水合物钻采船（大洋钻探船）建设进展顺利。

（3）海洋优势产业发展态势良好。初步构建具有竞争力的海洋产业体系，在南沙区、番禺区、黄埔区逐渐形成海洋交通运输业、海洋船舶与海洋工程装备业、滨海旅游业等海洋产业集群雏形。

在海洋交通运输业方面，2020年，广州港集装箱航线总数达226条，其中外贸航线120条、内贸航线106条。完成货物吞吐量6.36亿吨、集装箱吞吐量2351万标箱，分别居全球第4位和第5位；2020年完成滚装商品汽车吞吐量150万辆，位居国内港口第1位。

在海洋船舶制造业方面，广州是全国三大造船基地之一，已基本形成以龙穴造船基地为核心的高端船舶海工产业集聚区。全市有船舶企业40多家，其中，具有船舶建造能力的企业20多家，船舶制造产品覆盖集装箱船、成品油船、大型多功能化学品船、滚装船、客滚船、半潜船等品类。

在海洋工程装备制造业方面，广州以龙穴造船基地为核心，形成集造船、修船、海洋工程、邮轮及船舶相关产业于一体的海洋工程装备产业集群，培育形成31家海洋工程装备企业。利用水路运输优势，依托核电装备产业基地和重大装备制造基地，核电产业和盾构机轨道交通产业等重型装备制造产业向南沙集聚，推动临港工业高端化发展。自航式沉管运输安装一体船、饱和潜水作业支持船、风电安装平台等高端船舶海工装备总装研发、设

---

① 数据来源：《广州市海洋经济发展“十四五”规划》。

计建造和智能化水平不断提升。

在滨海旅游业方面，广州港口文化历史悠久，海丝文化、海防文化和海洋工业文化遗迹遗址丰富。2019 年，南沙国际邮轮母港举办开港首航活动，广州已开通往返香港、日本、越南、菲律宾等地的航线共 9 条。

（4）海洋战略性新兴产业快速发展。在海洋金融业方面，落地全国首个线上航运保险要素交易平台，带动航运保险机构、人才、资金、信息等要素资源集聚。开展全国首单美元结算的跨境船舶租赁资产交易、全国首单船舶租赁资产跨境直接保理、全国首单以人民币为交易货币的租赁船舶境外交易等创新业务，航运资产管理和资产交易能力不断增强。

在海洋生物产业方面，拥有国家生物产业基地，产业发展基础好，增长潜力大。高标准举办中国生物产业大会、官洲国际生物论坛，推动海洋生物领域的技术研发和产业化。

在海洋电子信息产业方面，广州在船舶电子、海洋通信、海洋观测、海洋电子元器件等方面不断取得关键技术突破，集聚一批海洋电子信息上市企业，以及以中山大学、华南理工大学、广东工业大学等海洋电子信息专业的科研高校，以及中国电子科技集团公司第七研究所、广州工业智能研究院、广州工业技术研究院等科研单位。

在天然气水合物开采业方面，我国海域天然气水合物主要分布在南海，广州具有天然的地缘优势。广州海洋地质调查局、中国科学院广州能源研究所、中国科学院南海海洋研究所、中山大学等广州科研院所带头开展海域天然气水合物勘查、试开采和理论研究。广州将优先享受天然气水合物商业化开采后产业链上中下游带来的巨大利好。

（5）海洋公共服务能力不断增强。广东省海上风电大数据中心落户广州，基于海洋大数据的应急指挥信息系统在大型港口普及。广州港每年平均新增 10 条国际班轮航线、10 个内陆无水港和办事处、10 个国际友好港，国际海洋开放合作加速。广州近年来多次举办国际涉海专业展会，如 2019 年世界港口大会等，拓展本地涉海企业产品市场。

（6）海洋治理能力再上新台阶。组建市规划和自然资源局（市海洋局），整合海洋行政管理职能，履行包括海洋在内的自然资源“两统一”职责。完成龙穴岛南部围填海历史遗留问题处理方案向自然资源部备案。修订《广州市规范海域使用权续期工作的意见》，印发《关于进一步强化海洋资源监管工作方案》，海洋资源监管制度进一步完善。修订《广州市海洋灾害观测与响应预警预案》，健全海洋灾害观测预警机制。广州、佛山、深圳和东莞于2019年共同签订珠江生态环境和自然资源公益诉讼协作机制，珠江口地区生态环境协同保护机制初步建立。

根据《广州市海洋经济发展“十四五”规划》，未来，广州将通过优化海洋经济空间布局、打造海洋创新发展之都、构建具有国际竞争力的现代海洋产业体系、全面提升海洋治理能力，朝着打造全球海洋中心城市和世界海洋创新发展之都的目标发展海洋经济。到2035年，基本建成陆海高度融合、海洋经济发达、科技创新活跃、生态环境优美、深度参与全球海洋治理，海洋治理体系和治理能力现代化的全球海洋中心城市。

2. 深圳

深圳地处亚太主航道和海上丝绸之路的战略要冲，是我国距离南太平洋最近的经济中心城市。海洋资源丰富，拥有260.5千米的海岸线，海域面积达1145平方千米。深圳围绕加强海洋经济总协调、构建现代海洋产业体系、增强海洋科技创新能力等方面，大力推动海洋经济创新发展，取得了较为显著的成效。

（1）海洋经济综合实力不断提升。《现代海洋城市研究报告（2021）》的测评表明，深圳和广州均位列全球现代海洋城市综合榜单的第二发展梯队。该报告指出，深圳是南部海洋经济圈龙头，在全球海洋经济城市中，位列第二梯队前列，其中，经贸产业活力、科技创新策源等指标排名靠前。

从产值来看，2015—2020年，深圳海洋生产总值从1873.2亿元增长到2596.4亿元。2021年，深圳海洋生产总值占全市GDP的比重约为10%。①

从产业来看，海洋传统产业不断增强，海洋交通运输业、滨海旅游业、海洋油气业、海洋渔业等海洋传统产业占海洋产业的比重超过50%。海洋新兴产业快速发展，海洋工程和装备业、海洋电子信息业、海洋生物医药业、海洋新能源等海洋新兴产业增加值合计占海洋生产总值的比重超过23%。

从基础设施和载体来看，海洋产业空间载体不断完善，海洋新城、蛇口国际海洋城、坝光国际生物谷、深汕海洋智慧港等重点片区加快建设，形成以高新技术园区为基地、以骨干企业为主体的发展态势。拥有涉海企业约19000家，集聚了中集集团、招商重工（深圳）、中海油（深圳）、招商港口、盐田港集团、中兴通讯、研祥智能等一批涉海龙头企业。

① 数据来源：《深圳市海洋经济发展“十四五”规划》。

（2）海洋科技创新能力不断强化。第一，海洋创新载体初具规模。截至2020年年底，已建设涉海创新载体共61个，其中，国家级载体3个、省级载体17个、市级载体41个，集聚了近千名海洋领域高级研究人员，获批建设省级智能海工制造业创新中心。第二，科技关键技术取得较大突破。2021年，深圳国内专利申请量27.9万件，居北上广深首位；PCT国际专利申请量1.7万件，连续18年居全国大中城市第一。[①] 第三，海洋人才教育和学科建设初具成效。深圳大学成立了海洋信息系统研究中心、启动共建大鹏新区海洋研究院；南方科技大学新增海洋工程本科专业；清华大学国际研究生院获批南安普顿大学双学位项目等。

（3）海洋生态文明建设全面推进。第一，海洋生态建设成果突出。完成深圳市海洋生态保护红线试划工作；在全国率先编制完成《深圳市海洋环境保护规划（2018—2035年）》，探索建立了"海域—流域—陆域"海洋环境保护体系，确立了海洋生态保护整体格局。推进实施河流及近岸海域的综合治理，推进落实"河长制"。第二，海岸带活力提升。通过海岸贯通、岸线激活、生态强化和防灾、服务提升，打造世界级海岸带。东部大鹏滨海绿道西涌段建设完工，受台风"山竹"损坏的盐田滨海栈道修复完成；西部深圳湾15公里滨海休闲带全线建设完工并向市民开放，并完成"前海—宝中"段滨海公园和慢行系统建设，包括前海石公园、宝安滨海文化公园一期等。

（4）海洋综合管理体制机制日趋完善。2016年，深圳市获批全国首个海洋综合管理示范区，充分践行"陆海统筹"等管海、用海理念，为全国陆海统筹发展提供了样板经验；市委市政府印发《关于勇当海洋强国尖兵　加快建设全球海洋中心城市的决定》与配套实施方案；2020年，国际船舶登记制度纳入"先行示范区综合改革试点实施方案"首批授权事项清单。《深圳经济特区海域使用管理条例》通过并实施，落实海域使用规划、海岸线保护管理、海域使用管理等相关要求。

在新时期发展背景下，深圳肩负承担着中国特色社会主义先行示范区、粤港澳大湾区核心引擎、全球海洋中心城市等重大战略使命。《深圳市海洋经济发展"十四五"规划》提出，"十四五"期间，深圳海洋经济将以建设"全球海洋中心城市"为总目标，统筹海洋经济发展空间格局，汇聚资源践

---

① 《市场监管局改革创新为全国提供更多"深圳样本"多措并举加快建设全国统一大市场》，载《深圳特区报》2022年5月24日C10版。

行先行示范，完善海洋科技创新生态链，培育海洋新兴产业新动能，促进海洋传统产业高质量发展，加强海洋生态文明建设，提升开放合作与全球海洋治理能力，不断提升海洋经济发展的竞争力、创新力、影响力。

3. 珠海

珠海区位优越，濒临南海，是我国重要的口岸城市，也是海洋大市，海洋资源丰富，领海基线以内海域 6050 平方公里，海洋经济是珠海的特色所在、优势所在和潜力所在。

（1）海洋经济发展态势良好。从总量看，2016—2020 年全市海洋生产总值从 687. 9 亿元增加到 854. 6 亿元。2020 年，海洋生产总值占全市地区生产总值的 24. 5%。目前，全市规模以上海洋企业超过 500 家①，海洋经济成为珠海国民经济的重要组成部分。

从产业看，珠海区初步建立起以海洋旅游业、海洋化工业、海洋油气业、海洋工程装备制造业为支柱的现代海洋产业体系。以海洋装备制造业、游艇产业、临港石化产业为主的临港工业实现集聚发展，高栏海洋工程装备区成为广东省乃至华南地区最具影响力的海洋工程装备产业基地；海洋生物医药、海水综合利用等海洋战略性新兴产业逐步培育壮大；航运物流业快速发展，高栏港确立了国家能源接卸港、西江流域龙头港和华南枢纽大港地位；海洋旅游业快速向高端升级，已形成休闲度假、主题公园、温泉养生、海岛运动、商务会展等海洋特色明显的旅游产品体系；海洋新能源产业发展走上“快车道”，现代海洋渔业加快转型升级，涉海金融服务业已然起步，海洋高端服务业加快发展，现代海洋产业竞争力稳步提升。

（2）海洋创新发展能力不断提升。珠海海洋科技创新平台建设成效显著，组建南方海洋科学与工程广东省实验室（珠海），已引进 18 个聚焦海洋研究关键领域的创新团队，构建 8 个公共科研平台，聚集科研人员近千人。引进建设以珠海复旦创新研究院、广东省海洋工程装备技术研究所为代表的一批涉海领域重大研发机构，建成广东省游艇（太阳鸟）工程技术研究中心、广东省高性能自主无人艇工程技术研究中心、广东省新型节能海洋工程装备工程技术研究中心等企业工程技术研究中心。

（3）海洋生态文明建设成效显著。珠海市海洋环境质量总体稳中趋好，先后完成横琴海洋生态修复项目（芒洲湿地）两期工程以及香炉湾、美丽

---

① 数据来源：《珠海市海洋经济发展“十四五”规划》。

湾、绿洋湾沙滩修复工程，近岸海域污染和生态破坏得以遏制，近岸海域11个环保国控点位的一、二类水质比例由2017年的18.2%上升至2020年的54.5%，近岸海域优良水质面积比例由2017年的66.8%上升至2020年的73.3%。

(4) 海洋开放合作不断丰富。珠海港积极对接“一带一路”倡议，相继开通连接东北亚、东南亚以及南太平洋地区的外贸集装箱班轮航线，主动开辟至巴基斯坦瓜达尔及中东地区的物流通道，构筑以珠海港为核心物流支点，向东南亚、南亚海上外扩的“川贵广—南亚国际物流大通道”，推动珠海港在海上丝绸之路沿线区域影响力不断提升。同时，依托横琴自贸区，不断深化与港澳海洋经济合作，积极推动澳门参与广深港澳科技创新走廊建设，配合澳门建设世界休闲旅游中心，打造珠澳合作发展论坛等平台。此外，与中山、江门、阳江市人民政府共同签署《推进珠中江阳海洋经济区域合作协议书》，不断增进海洋经济区域合作。

(5) 海洋综合管理能力大幅提升。珠海市深入实施海陆一体化战略部署：先后编制完成《珠海市特色海洋经济发展规划（2013—2020年）》《珠海市现代产业体系规划（2017—2025年）》，两次修编《珠海市海洋功能区划》，从政策规划层面进一步明确海洋工作的方向、措施和目标，支持海洋经济快速发展。落实《广东省海洋生态红线》要求，加强岸线管控、开展生态修复，积极开展“海洋两空间内部一红线”划定工作。充分运用特区立法权，相继颁布实施《珠海经济特区海域海岛保护条例》《珠海经济特区无居民海岛开发利用管理规定》，成为我国首个地方性全面规范海域海岛管理、保护海域海岛生态环境、发展海洋经济的综合性、统领性的法规。

根据《珠海市海洋经济发展“十四五”规划》，“十四五”期间，珠海将通过优化创新海洋经济布局构建现代海洋产业体系，完善海洋科技创新体系，建设海洋经济支撑体系，力争实现海洋经济质量效益更高、海洋科技创新能力更强、海洋生态环境质量更优、海洋开放合作水平更高和海洋综合管理能力更强的发展目标。展望2035年，珠海将以创建现代海洋城市为目标，全面提升海洋领域国际吸引力和竞争力，形成科技含量高、特色鲜明的海洋产业科技体系，建成海洋生态优美、海洋开放繁荣和海洋管理高效的海洋高质量发展典范。

4. 惠州

惠州市是珠江口东岸重要节点城市，毗邻港深，海洋资源丰富，生态禀赋优越，惠州市所辖海域面积4520平方千米（位居全省第6位），相当于陆域面积的40%左右。大陆海岸线长为281.4千米（位居全省第5位），有海岛162个（位居全省第4位）。惠州市统计局发布数据显示，2020年，全市海洋生产总值达1100亿元，占全市地区生产总值的24.7%，海洋经济成为引领全市经济社会发展的“蓝色增长极”。

（1）海洋产业结构不断优化。近年来，惠州海洋经济蓬勃发展，已经形成以大亚湾临海石化为龙头，以海洋交通运输、滨海旅游、现代海洋渔业、临海清洁能源业为重点的全方位发展格局，初步构建了具有惠州特色的现代海洋产业体系。

在海洋交通运输方面，“十三五”期间，惠州市沿海港口货物吞吐量持续保持快速增长态势，除2016年以外，其余年份增长率都保持在10%以上。集装箱吞吐量发展情况则波动较大，除2016年和2020年有所下降外，其余年份涨幅较大，2020年完成集装箱吞吐量46.3万标箱，涨幅达到了92.92%。[①]

在海洋渔业方面，以发展“深蓝渔业”为着力点，重点发展工厂化养殖和深水网箱养殖等现代渔业，工厂化养殖规模逐步扩大，深水网箱养殖基地已现雏形。

在海洋油气开发与海洋石化工业方面，大亚湾石化区已形成2200万吨炼油、220万吨乙烯的规模，炼化一体化规模跃居全国第一，综合实力居全国化工园区30强第1位。

海洋新兴产业发展势头良好。借助大亚湾国家级精细化工产业基地配套优势，实现了纳米银线原料量产、惠州LNG接收站等能源项目前期工作的扎实推进。

（2）新旧动能转换加速。中科院两大科学装置、港口海上风电等重大项目落户建设，加速建成粤港澳大湾区清洁能源中心和科技创新中心。2020年，与中国科学院过程工程研究所签订共建惠州绿色能源与新材料研究院合作协议，结合石化能源产业优势，逐步建成绿色能源和新材料的综合研究基地、产业转化策源地。针对新一代信息技术、人工智能和高端装备制造、石化能源新材料等重点领域设立市级科技专项，关键技术攻关能力进一步提升。2016—2020年，市级科技项目共对267个项目进行立项资助，促进科技型企业开展自主核心技术攻关，解决关键核心技术难题，提升企业竞争力。

① 数据来源：《惠州市海洋经济发展“十四五”规划》。

（3）涉海重点项目建设成效显著。大亚湾石化区成功引进埃克森美孚惠州乙烯项目、惠州 LNG 接收站项目、中海壳牌惠州三期乙烯项目等重大项目落户，启动规划建设惠州新材料产业园区，世界级石化产业基地加速形成。推动埃克森美孚惠州乙烯项目纳入国家重大外资项目，全力保障项目配套公用管廊工程项目用海顺利通过国务院审批。中海壳牌三期惠州乙烯项目海底管线迁改工程已完成备案立项。

根据《惠州市海洋经济发展“十四五”规划》，未来，惠州将打造海洋经济“两廊、一带、两区”发展新格局，构建现代海洋产业体系，实施创新驱动发展战略，加强海洋生态文明建设，深化海洋对外开放合作，建设海洋特质更加明显、海洋经济竞争力更强、民生福祉更好、资源利用效益更优、开放水平更高、可持续发展韧性更足的粤港澳大湾区现代化海洋城市，成为广东沿海经济带上的璀璨明珠和珠江东岸的海洋经济新增长极。

5. 东莞

东莞市位于环珠江口湾区经济圈的中心位置，处于穗深港经济走廊中段，是广州与香港之间水陆交通的要道。海域集中分布于狮子洋、伶仃洋东北区域，拥有泥洲岛等 5 个海岛，全市海岸线长 112. 20 千米，海域面积为 82. 57 平方千米。

（1）海洋经济空间新格局加快形成。依托其地理优势，东莞市建立了临海产业带，创建了沙田等海洋经济核心区域。其中，麻涌、沙田、长安沿岸海域以港口、工业与城镇建设为主要功能；虎门沿岸海域以滨海旅游、海洋保护为主要功能。目前，东莞市将海洋划分为 5 个一级类基本功能区，包含港口航运区、工业与城镇用海区等功能区。

（2）海洋产业结构不断优化。近年来，东莞市海洋第三产业逐渐壮大，形成了以海洋交通运输业、海洋渔业、滨海电力业和滨海旅游业为主体，海水利用业、滨海砂矿业、海洋船舶修造业、游艇旅游等新兴产业全面发展的新格局。

（3）在海洋交通运输业方面保持较快增长。东莞港是地区性重要港口，东莞港官网显示，2019 年，东莞港完成集装箱吞吐量 405 万标准箱，货物吞吐量 1. 98 亿吨，在全国沿海集装箱港口中排名第 12 位，成为华南地区重要的集装箱干线港和“一带一路”沿线重要节点港。打通“中欧进口海铁联运通道”，实现“铁转水”“水转铁”进出口物流双向通道转换，开设集装箱班轮航线 19 条，船舶可通达珠三角各市、国内沿海及周边国家和地区。

虎门港综合保税区顺利通过国家验收，成为东莞正式获批的第二个国家级平台，使东莞实现了高层次海关特殊监管平台的历史性突破。

（4）在海岸带开发利用上，东莞着力打造滨海湾新区和水乡功能区两大战略平台，逐渐形成了分工明确的海岸带综合开发新格局。滨海湾新区连接南沙前海，邻近港澳，由交椅湾、沙角半岛和威远岛三大板块组成，规划面积 84.1 平方千米，是东莞参与大湾区建设的主阵地。新区提出构建“一廊两轴三板块”空间格局、“一廊三绿心三水系”生态空间布局，聚焦“人工智能”“生命健康”两大产业方向，全力推动滨海湾大道等一批基础设施建设，OPPO 智能制造中心项目、紫光芯云产业城项目、正中创新综合体项目、欧菲光电影像产业项目等一批重大产业项目稳步落地。东莞水乡功能区是省级重点发展平台，包括中堂、望牛墩、麻涌、洪梅、道滘 5 个镇。政府欲将水乡功能区努力打造成为解决发展不平衡、不充分问题的新增长极，建设高质量统筹发展示范区。根据规划，水乡功能区将充分利用滨海临港的区位优势和生态资源的本底优势，在现代物流、生命健康和海洋工程装备等领域谋求突破与发展。

东莞正处于粤港澳大湾区、省“一核一带一区”、深圳创建全球海洋中心城市、制造业供给侧结构性改革示范区等重大战略机遇期，发展海洋经济大有可为。未来，东莞要抓住机遇，加强陆海统筹，树立“全域海洋经济”理念，在先进制造业、综合性国家科学中心、港口物流产业链、滨海湾新区、大湾区石化基地、海防文化、区域合作等方面下功夫，不断提升海洋经济的层次和内涵，努力推动形成社会经济发展新的增长点。

6. 中山

中山市位于珠三角西岸，东临伶仃洋，毗邻港澳。中山的海域面积共 159.63 平方千米，海岸线长 57 千米，拥有 4 个海岛。中山境内拥有珠江八大出海口的三个出口，位于广东省海洋经济活跃发展区和粤港澳海洋经济合作圈地区，区位优势突出，海洋资源较为丰富。

海洋产业不断推进。在推动海洋经济发展方面，中山积极营造适应海洋经济发展的政策环境，推进产业结构的战略化调整，目前已经形成船舶与海洋工程装备制造业、海洋交通运输业、滨海旅游业等海洋经济支柱产业。中山的先进装备制造业水平始终走在广东省前列，成为全市第一大支柱产业。海上风电已成为中山市重点推进的海洋新兴产业，聚集了以明阳智慧能源集团股份有限公司为龙头的几十家上下游配套企业。自 2013 年翠亨新区成立，中山从滨江城市逐步向滨海城市迈进，而随着“中山—澳门”游艇自由行的开通，南部神湾镇将成为游艇产业的主要聚集地和对外开放门户。

未来，中山将继续以东部沿海区域为主要发展基地，实施区域协调发展战略，加强区域资源整合，促进产业结构升级，力争形成外向型、市场化、高层次的海洋产业发展格局。

7. 江门

作为全省海洋大市，江门市海域面积大、海岸线长、海岛数量众多，全市共有561个海岛，数量位居全省第二，海洋资源禀赋良好。丰富的海域、岸线、海岛、港湾、生物等海洋资源为江门市海洋经济发展奠定了良好的基础。

海洋经济总体发展态势良好。“十三五”期间，江门市全力推进海洋强市建设，2020年江门市海洋经济总产值的比例达1379.26亿元，增加值为490.72亿元，增加值占地区生产总值达15%。[①] 江门市大力推进“海洋经济强市”建设工作，全力推动海洋经济综合发展，加快构建现代海洋产业体系，这基本形成以海洋旅游、海洋渔业等为主的海洋产业体系，结构持续优化。

在滨海旅游方面，川山群岛是江门市最具代表性的滨海旅游景区，位于台山市南端、珠江口西侧。川山群岛分为上川岛、下川岛、乌猪洲、漭洲、琵琶洲、王府洲、坪洲、围夹岛、观鱼洲等。其中，最大岛屿是上川岛与下川岛，分别为广东省第二、第六大岛。川山群岛的名称即来源于这两个岛屿。

在海洋渔业方面，2021年全市水产品产量91.4万吨，同比增长13.1%。其中，海水产品35.4万吨，同比增长20.7%；淡水产品56.1万吨，同比增长8.8%。[②]

展望未来，江门市要抓住海洋强国建设、湾区建设、“一带一路”倡议的历史机遇，借助区位优势协调发展，从加强海岸带产业布局规划、加快提升海洋科技实力、因地制宜发展海洋产业、积极建设现代化海洋牧场等方面

---

① 参见符冰《江门海洋产业实施“链长制”发展策略研究》，载《现代营销》（下旬刊）2022年第6期，第74～76页。

② 参见梁佳欣《去年我市地区生产总值突破3600亿元》，载《江门日报》2022年1月26日A02版。

推动海洋经济高质量发展。

8. 佛山

佛山虽不是沿海地市，但在政府推动和企业发力的共同作用下，近年来，佛山市的海洋经济也得到了一定的发展。

（1）海洋经济发展初见规模。佛山现有涉海活动单位重点集中在南海区和顺德区，主要海洋产业包括海洋工程建筑业、海洋交通运输业、海洋船舶工业、海洋药物和生物制品业等。佛山持续推进三龙湾高端创新集聚区建设，加快优势产业向海洋领域延伸，重点发展智能制造装备、新能源与节能环保装备等细分产业。

（2）海洋创新成果逐步显现。在海洋照明领域，建成深海照明工程技术联合实验室，正式启动“海洋照明研发制造基地”项目。在海洋生物方面，完成了低值植物蛋白原料耗氧固态发酵工艺摸索，抗菌肽与固态厌氧发酵的契合、工艺优化及海洋经济动物养殖应用。在海洋工程装备方面，基于海洋环境特点开展基础理论及关键共性技术攻关，通过数字孪生的 AI 赋能系统，研发具有独立自主知识产权的半节距双动环梁连续升降系统、智能变频重型绕桩吊机、高效高精度抱桩器等船机关键设备，并进行产业化推广。

（二）粤东地区海洋经济发展水平分析

粤东地区地处海峡西岸经济区，具有丰富的海洋资源，是广东海洋经济发展的重要引擎。在产业方面，重点发展海洋渔业、海洋交通运输业、海洋旅游业、海洋化工业和海上风电等产业，着力建设汕尾（陆丰）海洋工程基地、揭阳大南海石化基地和海上风电全产业链生产基地。

1. 汕头

汕头地处广东东南沿海，拥有大陆海岸线长 218 千米，海岛岸线长 167 千米，海洋资源丰富，是海上丝绸之路沿线上的重要门户，也是建设广东东翼海洋经济发展极的中心城市。

（1）海上风电全产业链加速形成。汕头在明确“工业立市、产业强市”的发展思路后，提出构建“三新两特一大”的产业发展新格局，把新能源产业列入三大新兴产业，将以海上风电全产业链为核心，打造千亿级产业规模，助力汕头打造现代产业体系。根据《广东省海上风电发展规划（2017—2030 年）（修编）》，汕头市拥有 3535 万千瓦风电规划装机容量，约占全省深水区规划装机容量的 53%，占整个粤东区域规划的 60% 以上，具备大范围连片开发优势，必将成为广东未来发展海洋清洁能源的重要支撑点。作为粤东地区科教中心，汕头大学、广东以色列理工学院等具有较强科研能力的高校，也能够为汕头海上风电基地项目、海洋牧场、海上制氢综合开发等示范工程的建设提供科研力量支撑。

立足于良好的产业基础，汕头市科学谋划、统筹布局海上风电全产业链，在濠江区规划建设4200亩的海上风电创新产业园，集中布局整机制造、发电机、塔筒等风电产业项目，并瞄准了涵盖叶片、轴承、电缆、大型铸造件、主控、变流器及大型钢结构件等产业链的相关企业开展精准招商，推进“海上风电+”产业发展，加快打造具备汕头特色的海上风电生态体系。目前，汕头濠江区已落地海上风电项目包括：上海电气海上风电智能制造项目、上海电气直驱发电机项目、青岛盘古润滑系统项目、鲁能及国电南瑞的海上风电柔性直流设备项目、江苏华纳发电机舱罩及导流罩生产项目、青岛武晓塔筒与塔筒法兰及海洋工程装备项目等，汕头市全产业链海上风电产业逐步形成规模。

（2）海洋渔业发展提质增效。近年来，汕头市各级农业农村主管部门围绕提质增效、绿色发展、富裕渔民，大力发展海水养殖业，优化近海捕捞业，积极发展标准化健康养殖，引导渔民淘汰老旧小木质渔船，更新建造大马力钢质渔船，不断优化渔业产业结构，实现了渔业增效、渔民增收、渔区稳定的和谐发展局面，促进渔业生产保持健康持续发展。

《广东省海洋经济发展“十四五”规划》提出，要以汕头为中心建设东翼海洋经济发展极，支持汕头创建现代海洋城市，构建以汕头高铁站、汕头港为枢纽的“承湾启西、北联腹地”的综合交通运输体系。支持汕头港做大做强，加快推进汕头广澳港疏港铁路和广澳港区三期建设，提升汕头港航基础设施和集疏运能力。打造汕头海上风电创新产业园，建设粤东千万千瓦级海上风电基地。依托汕头国际海缆登陆站和卫星接收站，拓展发展海洋信息产业，加快南澳海岛旅游发展和汕头滨海旅游城市建设。

2. 潮州

潮州市位于韩江中下游，是广东省东部沿海的港口城市。海域面积533平方千米，海（岛）岸线长136千米。近年来，潮州市全力加快构建蓝色海洋经济带，锚定特色产业，打造临港产业集群，聚焦基础建设，增强港口承载能力，不断蓄积海洋经济发展新动能。

（1）海洋产业稳步发展。近年来，潮州市依托良好的自然资源，大力发展临港清洁能源产业。已有建成投产项目包括华能风电、国电风电、欧华能源液化石油气储配库等，在建项目有潮州华瀛 LNG 接收站、华丰中天天然气储配站和大唐（华瀛）潮州热电冷联产等新能源项目。接下来，潮州市将推动海上风电、可再生能源制氢、氢能存储等重点项目落地建设，全力打造粤东绿色能源综合利用高地。

在海洋运输业上，潮州港区已建成码头达 8 座、泊位 13 个，总吨位 25.3 万吨；在建码头 3 座、泊位 5 个，总吨位 31 万吨。2021 年全国港口货物、集装箱吞吐量数据显示，2021 年潮州港完成货物吞吐量 1700 万吨，同比增加 27%，其中，外贸货物吞吐量为 900 万吨，同比增加 26%。随着潮州港基础设施的不断完善，粮油食品产业在潮州港加速聚集。作为世界 500 强企业、全球知名的农产品和食品加工企业，益海嘉里在潮州港投资建设，为潮州临港产业转移工业园打造食品产业集群夯实了根基。

未来，潮州市将充分发挥海洋资源优势，以潮州港湾为主战场，增强港口承载能力，扩大潮州港区，改造澄饶联围，完善交通路网，联结饶平县城，延伸拓展腹地，推动向“核”串“带”联“区”。统筹海陆产业链布局，以清洁能源、装备制造、滨海旅游为主导产业，大力发展海洋经济，推动港产城融合，打造潮州经济新的增长极。

3. 汕尾

汕尾市位于广东省东南部，地处粤港澳大湾区、深圳先行示范区、深莞惠汕河经济圈、深汕特别合作区的辐射区，全市海域总面积 7220 平方千米（含深汕特别合作区），大陆海岸线总长 455.2 千米（含深汕特别合作区），列入国家海岛名录的海岛有 428 个（含深汕特别合作区），海洋资源禀赋高，开发潜力大。海湾滩涂和浅海面积广阔，水质肥沃，增养殖条件优越。

（1）海洋经济保持良好发展势头。传统优势海洋产业实力得到增强，海洋新兴产业有所起步。现代海洋渔业稳定发展，建成省级水产良种场 2 个、养殖示范场 5 个、海洋牧场 3 个、渔港码头 2 个，以垂钓、旅游、餐饮、观光为主的休闲渔业成为新的渔业经济增长点。2020 年，全市海水产品产量为 53.75 万吨，海水产品产值为 98.93 亿元，占全省的比重分别为 11.9% 和 12.5%。临海工业持续推进，年发电能力 100 亿千瓦时的陆丰甲湖湾电厂新建工程建成投产，明阳智能汕尾海上高端装备制造基地正式投产，后湖海上风电场接入系统工程顺利投运，产能规模按年均 76 万千瓦配套设备能力规划设计的汕尾海洋工程基地（陆丰）项目开工建设，甲子、后湖海上风电场项目均完成核准批复。海洋船舶工业不断发展，拥有船舶修造生产基地 12 家，建成包括船舶制造、维修、服务的上下游产业链，渔船升级改造及减船转产项目持续推进。海洋生物产业创新发展，建成年生产加工量 500 吨的鱼胶原蛋白肽粉产业链基地。海洋旅游业蓬勃发展，建设完善市区城市游憩旅游区、红海湾海洋运动旅游区等多个沿海旅游景点。海洋交通运输业稳步发展，2020 年汕尾港货物吞吐量达 1273.7 万吨，2016—2020 年年均增长率约为 9.2%。①

（2）海洋经济空间布局持续优化。红海湾主要布局滨海旅游、海洋牧场、海产品加工产业，建有保利金町湾旅游度假区、红海湾旅游度假区、晨洲村生蚝养殖加工基地等。碣石湾主要布局临海工业、海洋文化旅游等产业，拥有汕尾海洋工程基地（陆丰）、宝丽华集团能源基地、中广核核电项目基地、金厢滩红色旅游区等，初步形成了西部以海洋生物、海洋休闲旅游、现代渔业为主，东部以海洋工程装备、电力能源为主的滨海优势产业发展带。

（3）海洋综合管理能力逐步提升。海洋资源要素供给保障不断加强，2017 年以来落实中广核、甲湖湾、后湖甲子海上风电确权用海面积 1819.3 公顷。全面加强海洋资源监管，建立海域海岛使用日常监管巡查制度。积极推进围填海和用岛历史遗留问题处置工作。筑牢海洋防灾减灾安全屏障，多部门联合开展海洋灾害预报预警，连续组织海平面变化评估调查。

根据《汕尾市海洋经济发展“十四五”规划》，汕尾市将立足区位优势、海洋资源和产业基础，充分利用“湾＋区＋带”叠加优势，加快创建海洋经济振兴发展示范市，重点打造粤港澳大湾区“粤海粮仓”、新型能源和临海型先进制造业基地、海洋经济创新发展试验区、海洋生态文明建设示范市。展望 2035 年，汕尾将全面建成海洋经济振兴发展示范市，不断强化沿海经济带重要战略支点功能，打造融入粤港澳大湾区先行市，基本建成沿海经济带的靓丽明珠。

4. 揭阳

揭阳市位于广东省东南部，地处粤港澳大湾区与海西经济区的地理轴线中心，是“一带一路”与我国东南沿海地区的交汇地。海洋经济是揭阳国民经济体系中的新支柱。

---

① 数据来源：《汕尾市海洋经济发展“十四五”规划》。

（1）海洋经济实力进一步增强。2020年，全市海洋生产总值约300亿元，较2016年增长了20.9%，基本形成以临港石化、临海能源、海洋旅游、海洋渔业、海洋交通运输为主的现代海洋产业体系。加快建设揭阳滨海新区，粤东新城联动惠来老城、大南海石化工业区和惠来临港产业园（即“一城两园”）开发建设取得明显成效，为打造沿海经济带上的产业强市奠定发展基础。加快推进靖海古城、神泉旅游小镇、粤东新城神泉湾文旅项目等重点项目，打造“娱乐海洋”品牌。大力发展特色渔业，惠来县已成为广东省规模最大的工厂化鲍鱼养殖基地。依托惠来沿海深水岸线资源和榕江航道资源优势，已初步形成方式齐全、横纵交错、覆盖面广的“水陆空铁”立体大交通发展体系和现代化综合交通运输格局。2020年，全市港口货物吞吐量达2370万吨。①

（2）临海能源产业集聚优势逐渐显现。中石油广东石化炼化一体化项目纳入国家石化产业规划布局，同步引进吉林石化ABS、昆仑能源LNG等产业链配套项目，总投资达830亿元。初步形成海上风电产业全生命周期布局，涵盖科研、制造、总装、运维、回收等环节。已核准海上风电总装机容量640万千瓦，国电投90万千瓦海上风电项目、中广核近海深水区海上风电项目、GE海上风电机组总装基地等配套项目正加快推进建设。

（3）海洋科技创新能力进一步提升。全市以企业为主体、科研创新平台为载体，加强技术研发攻关。大力支持广东省水产苗种开口饲料企业重点实验室、广东越群水产动物苗种繁育及饲料研发技术体系院士工作站、揭阳市海洋生物工程技术研究中心等创新平台建设。“揭阳市水产养殖产业协同创新提升工程”“广东越群海洋生物科技研究院建设”等多个项目成功获省市级科研项目立项。广东越群海洋生物研究开发有限公司的“重要海水鱼类种苗开口饲料研发及应用”“高效环保虾苗开口饲料的研发与应用”两项科技成果处于国际领先水平。近五年来，全市申报海洋药物和生物制品类科技项目并获立项支持9项。

（4）海洋生态环境进一步改善。全市稳步推进海洋生态文明建设，筑牢生态安全屏障。全市近岸海域污染防治工作扎实有效，2020年，近岸海域优良（一、二类）水质面积比例达到99.7%，大陆自然岸线保有长度达到70.53千米。提高海洋生物多样性，保护重要物种种质资源，多次组织开展

① 数据来源：《揭阳市海洋经济发展“十四五”规划》。

海洋生物资源增殖放流活动。揭阳市生态环境局发布《揭阳市生态环境局入海排污口设置备案制度》，规范入海排污口管理。加强海水养殖污染防控，已划定海水养殖区 4061 公顷，符合《揭阳市海洋功能区划（2015—2020 年）》的要求。

（5）海洋综合管理进一步优化。揭阳编制实施了《揭阳市海洋功能区划（2015—2020 年）》等专项规划，科学谋划揭阳滨海新区建设，优化海岸线利用和海洋产业布局，科学合理开发利用海洋资源。全面落实国家《海岸线保护与利用管理办法》《围填海管控办法》等法律法规，加大管控力度，严格控制围填海，全市获国家、省确权围填海项目 4 宗，围填海指标和自然岸线控制指标均未突破省下达控制指标。组织开展海岛普查、登记，编印《惠来县海岛名录》，并为 10 个海岛立碑。认真落实海监“三巡”制度，保持高压态势，组织实施“海盾”“碧海”等专项执法行动，严厉查处违法违规用海用岛行为。

根据《揭阳市海洋经济发展“十四五”规划》，未来，揭阳要以推动海洋经济高质量发展、打造沿海经济带上的产业强市为目标，优化“一廊融合、双核引领、三区集聚”陆海统筹发展格局，构建现代化海洋产业体系，强化海洋科技创新引领作用，加强海洋基础设施建设，推进海洋生态文明建设，拓展海洋经济开放合作空间，提升海洋经济综合治理能力。

（三）粤西地区海洋经济发展水平分析

粤西地区地处广东西南部，濒临南海和北部湾，是广东对接东盟的先行区。该地区重点发展海上风电、海洋油气、海洋化工、海洋生物医药、海洋旅游、海洋工程装备等产业，打造和发展湛江东海岛石化基地、茂名石化基地、阳江海上风电全产业链基地和阳江海洋工程装备制造基地。

1. 湛江

湛江市位于广东省南部，是海洋资源大市，三面临海，海岸线总长 2023.6 千米，其中大陆海岸线长 1243.7 千米，占广东省的 30.2%、全国的 6.9%。湛江是粤、桂、琼通衢的战略要地和大西南出海的主要出海口，也是国家海洋经济发展示范区和全国首批海洋经济创新发展示范市。湛江正加快推动海洋经济高质量发展，力图成为沿海经济带的西部增长极。

（1）海洋经济总体发展态势良好。一是传统海洋产业基础深厚。在海洋运输方面，湛江港是粤西、环北部湾地区唯一的国家级主枢纽港，也是最大的天然深水良港和全国沿海港口布局规划中西南沿海港口群的中心港口。湛江港现有生产性泊位36个，其中，有1个40万吨级散货泊位、2个30万吨级油泊位、1个25万吨级铁矿石泊位、1个15万吨级煤炭泊位和2个15万吨级集装箱泊位，年通过能力超1亿吨。在海洋渔业方面，水产品产量连续多年居广东省之首。国家海洋信息中心发布资料显示，湛江海养珍珠产量占全国总产量的2/3，对虾产量占广东省产量的40%。二是现代海洋产业快速发展。近年来，引进宝钢湛江钢铁、中科炼化一体化、巴斯夫（广东）炼化一体化、京信东海电厂等项目60多个，总投资约1960亿元。依托成熟的临海钢铁和临港石化产业体系，着力发展涵盖海洋高端装备制造、海洋生物制药、海洋运输及临海物流、现代海洋渔业、滨海旅游和海洋服务等在内的八大产业。其中，海洋生物制药细分领域优势明显，已形成以血液制品为龙头、中药为主体的产业发展格局。目前，湛江全市海洋战略性新兴产业总量大幅提高，形成了一批新生产线、新产品和新示范工程。

（2）科技创新环境不断完善。国家发改委地区经济司发布资料显示，到2021年，湛江海洋经济发展示范区拥有各类孵化器4家、众创空间4家，其中，国家级孵化器1家、省级众创空间1家，已入驻218家企业，年营业收入5791万元，转化科技成果27项。至2020年年底，湛江市已入驻高新技术企业59家、省级工程中心72家、市级工程技术研究开发中心68家、省级重点实验室11家、市级重点实验室5家，汇集了一批包括海洋生物中试基地、海洋产业科技研发中心在内的涉海研发机构，涉海从业人员数量比重达35.7%，研发成果转化91个、涉海专利授权176个，科技对海洋经济贡献率达65%。

未来，湛江将坚持陆海统筹、综合开发，建设全国海洋经济强市、国家海洋经济发展示范区。大力发展海洋工程装备产业，提升船舶造修、海上钻井采油平台规模，引进一批海上风电装备、港口机械、海洋防务装备、高技术船舶等海洋工程装备项目，打造海洋工程等装备制造一体化产业链。大力发展深远海养殖业和渔业装备产业，积极发展海洋牧场及其配套产业。加快发展滨海旅游业，开发建设雷州西海岸滨海旅游度假区，推进国家5A级旅游景区创建工作，打造中国南方冬休基地、国家全域旅游示范市和国内外知名的全域旅游目的地。加快海洋油气资源开发，建成中海油湛江乌石油气基地。

2. 茂名

茂名市位于中国南海之滨，广东省西南部，地处粤港澳大湾区、北部湾城市群和海南自贸港三大国家战略区域交汇处，是广东沿海经济带上的重要节点城市。

（1）海洋经济总体发展态势良好。2016—2019 年，茂名市海洋生产总值从 509.7 亿元增至 668.3 亿元，年均增速达 9.5%，高于同期地区生产总值增速 2.0 个百分点。2019 年，海洋生产总值约占全市地区生产总值的 20.6%①，海洋经济发展保持良好势头，成为茂名国民经济发展的新增长点。

（2）现代海洋产业体系不断完善。基本形成了以滨海旅游、临港化工业等为主导的现代海洋产业体系。临港化工业集聚效应凸显，产业链条逐步完善，初步形成了具有国际竞争力的海洋化工产业集群；滨海旅游业发展取得新成效，经济效益彰显，2016—2019 年海洋旅游业增加值年均增速高达 25.2%。港口物流业、海洋渔业不断优化，加快培育发展海洋生物医药与健康产业。

（3）海洋产业空间布局进一步优化。按照“港—业—城”一体化发展的总体思路，基本建成临港产业特色明显、自然景观靓丽的发展带，水东湾区、博贺湾区、吉达湾区三大海洋经济主体区域，其中，水东湾新城聚焦滨海旅游产业、博贺湾发展临港工业、吉达湾发展新材料产业，“西旅东工”的产业布局基本形成。

根据《茂名市海洋经济发展“十四五”规划》，茂名市要打造世界级绿色化工和氢能产业基地、区域性现代商贸物流基地和交通要道枢纽、中国南方文旅康养度假基地。展望 2035 年，茂名将建成现代海洋产业体系，海洋主导产业与新兴产业协同发展，海洋生态文明建设、海洋科技创新与成果转化水平大幅跃升，海洋资源节约集约利用程度显著提高，海洋开放合作更为多元，发展成为沿海经济带上的海洋经济强市。

3. 阳江

阳江市位于广东西南沿海，是广东省海洋大市，海洋资源丰富。海域面积 1.23 万平方千米，海岸（岛）线总长 470.2 千米，全市拥有海岛 122 个。阳江宜港岸线长 39.1 千米，拥有国家一类对外开放口岸——阳江港，海上航运连通世界各地。丰富的海洋资源、优质的海洋生态圈，为阳江不断推动

---

① 数据来源：《茂名市海洋经济发展“十四五”规划》，其中，增速均为名义增速。

海洋经济高质量发展奠定了良好的基础。

海洋产业加速发展。重点培育以海上风电为主导的临海清洁能源产业，大力发展临港现代工业、滨海旅游文化和现代海洋渔业等产业。

（1）在风电产业方面，近年来，阳江成为广东海上风电开发的主阵地，也是全国产业链最完整、规模最大的风电产业集聚地之一，世界级风电产业基地集聚成形。截至2021年，阳江10个海上风电项目全部建成投产，已建成并网52.8万千瓦，占全省总并网容量的51.8%。

（2）在海洋渔业方面，阳江拥有3个国家级海洋牧场示范区，锚定绿色化、集约化、产业化的目标，开启由浅海转战深海的新航程。先行探索和构建“海上风电+海洋牧场”“蓝色能源+海上粮仓”的产业融合发展模式。大力发展“深远海养殖+”新业态，大镬岛深海网箱基地成为南海养殖规模最大、离岸最远的基地。

（3）在滨海旅游业方面，阳江创新融合“海洋+旅游”产业，形成了以海陵岛为龙头，阳西月亮湾、阳东珍珠湾为两翼的滨海“黄金旅游带”。全力助推“南海Ⅰ号”博物馆（广东海上丝绸之路博物馆）打造世界级考古品牌、建设世界一流博物馆，擦亮“海上敦煌”这张金名片。依托“海丝文化”，打造滨海度假、体育赛事、文化艺术、科普研学、民俗节庆、旅游美食等海洋特色主题活动和休闲体验项目。

未来，阳江将加快构建现代海洋产业体系，培育壮大海洋新兴产业，着力提升海洋科技创新能力，深度融入粤港澳大湾区和深圳先行示范区建设，深化泛珠三角大区域海洋合作，积极参与“一带一路”建设，推动海洋经济高质量发展，奋力打造沿海经济带的重要战略支点和宜居、宜业、宜游的现代化滨海城市。

二、产业篇

党的十八大以来，习近平总书记对发展海洋经济先后做出了“要提高海洋资源开发能力，着力推动海洋经济向质量效益型转变”①、“培育壮大海洋战略性新兴产业，提高海洋产业对经济增长的贡献率，努力使海洋产业成为国民经济的支柱产业”②、“要加快建设世界一流的港口、完善的现代海洋产业体系”③ 等系列重要论述，为推动海洋产业发展指明了方向，提供了根本遵循。

中共广东省委十二届四次全会明确海洋经济为广东省未来战略性新兴产业，同时部署了海洋电子信息、海上风电、海洋工程装备、海洋生物、天然气水合物、海洋公共服务业为广东大力发展的海洋经济六大产业。2021 年 9 月，广东省人民政府办公厅印发《广东省海洋经济发展“十四五”规划》，明确提出海洋经济向质量效益型转变，建成海洋高端产业集聚、海洋科技创新引领、粤港澳大湾区海洋经济合作和海洋生态文明建设四类海洋经济高质量发展示范区 10 个，打造 5 个千亿级以上的海洋产业集群。本篇首先明确海洋六大产业概念，在梳理广东省海洋六大产业发展现状的基础上，简析产业发展存在的问题，探讨六大产业的发展机遇，并提出相应的政策建议，以期为广东省海洋产业持续健康发展提供决策参考。

（一） 海洋电子信息产业发展情况及机遇分析

随着我国“21 世纪海上丝绸之路建设”“互联网 + ”等战略的深入实施，海洋信息化建设在海洋强国战略中的地位越来越突出。海洋电子信息产业是海洋大数据、海洋人工智能的基础性产业，不仅是电子信息产业的重要

---

① 2013 年 7 月 30 日，习近平总书记在十八届中央政治局第八次集体学习时的讲话。

② 同上。

③ 2018 年 3 月 8 日，习近平总书记在参加十三届全国人大一次会议山东代表团审议时的讲话。

组成部分，也是重要的海洋战略性新兴产业，加快发展海洋电子信息产业是广东省打造海洋六大产业的重点任务之一。

1. 现状概括

电子信息产业是广东省第一大支柱产业，广东作为我国最大的电子信息产品生产制造基地、全球最重要的电子信息产业集聚区，正朝着世界级电子信息产业集群不断迈进。广东基础深厚的电子信息产业，为海洋电子信息产业发展提供了良好的市场空间和产业支撑。

（1）产业基础雄厚，市场空间广阔。广东是全国电子信息大省，电子信息工业发展氛围浓厚，拥有大批电子信息龙头企业，为海洋电子信息产业的快速发展提供了现代化的内生动力。2021 年，广东电子信息产业全年营业收入达 4.56 万亿元，占全国总营收的 32.3%，规模连续 31 年居全国首位，新一代电子信息产业规模快速增长，占比高，市场主体多，广东电子信息制造有 10 家企业营收超 1000 亿元，有 19 家企业进入“2021 年中国制造业 500 强”，有 24 家企业进入“2021 年全国电子信息百强”，有 33 家企业进入 2021 年全国电子元器件百强，数量均居全国首位。①

（2）区位优势显著，企业高度聚集。广东海洋电子信息产业区域性集中分布特性明显（见图 3－1）。珠三角地区拥有得天独厚的地理区位优势、发达的制造业基础和一体化经济圈，基本形成海洋电子高新技术产业及研究机构集聚区。以广州、深圳为中心的珠三角地区是国内海洋电子信息产业发展最早、市场化最成熟的地区，也是国内最主要的海洋电子信息相关终端设备生产集散地。在广东省海洋电子信息企业名录中，广州、深圳、珠海、东莞、惠州集聚了全省 90% 以上的海洋电子信息企业，其中，形成了以深圳为核心的产业大型项目落地集聚区，以广州为核心的产业研发机构集聚区和以惠州、东莞为核心的产业制造基地。②

（3）龙头企业与科研院所相继落户。目前，全省拥有中海达、海格通信、华为、中兴通讯、海能达、研祥智能、杰赛科技、欧比特、建通测绘、世纪鼎力、今天国际、珠海港信 12 家典型的海洋电子信息上市企业（包括新三板挂牌），以及智慧海洋科技、烽火海洋等重点企业。③ 同时，还拥有中

① 数据来源：广东省人民政府。
② 数据来源：广东省自然资源厅。
③ 数据来源：《广东省海洋电子信息产业发展报告》。

图3－1　广东海洋电子信息企业区域分布①

山大学、华南理工大学、暨南大学、广东工业大学、广东海洋大学等高校，分别在通信、水声等方面开展长期研究。广东海洋实验室、南海技术中心、中电科技七所、珠海特种飞行器研究所、沈阳自动化研究院广东分院和顺德德雅研究院等科研单位相继落户。其中，依托中山大学、中科院南海所、广东海洋大学组建的南方海洋实验室，与位于山东青岛的中国科学院海洋研究所形成南北海洋实验室格局。广东海洋电子信息重点领域涉海单位分布情况，详见表3－1。

表3－1　广东海洋电子信息重点领域涉海单位分布情况

海洋电子信息领域	具体生产与服务活动	主要涉海单位
水上电子信息	卫星通信、北斗导航、卫星遥感、浮空平台、无人机等平台及通信系统技术	海格通信、中海达、欧比特、东方海特、亚太卫星、中科遥感、深圳天启

① 关于海洋电子信息企业数量，笔者根据第一次全国海洋经济调查成果《全省涉海单位名录》整理；同时，结合天眼查系统数据进行分析，具体采用“船舶电子”“海洋电子”“海洋通信”“海洋信息”“智慧港口”“港口信息”“船舶通信”“船舶导航”“海洋观测”“海底观测”“海洋监测”等关键字检索，并通过去重及主营业务判定。

续表 3－1

海洋电子信息领域	具体生产与服务活动	主要涉海单位
水面电子信息	水面平台通信控制：海上浮台、浮空平台、无人机、浮标栅格、水下潜航器等通信控制技术	中山大学、华南理工大学、珠海特种飞行器研究所、中电科技集团七所、沈阳自动化研究院广州分所、珠海云州、顺德德雅研究院
	海洋探测、观测：海洋物联网综合传感、频谱探测、探测雷达、侦察测向、水面浮标	中山大学、华南理工大学、广东海洋实验室、南海技术中心、海华电子、中电科技集团七所、杰赛科技
	海洋通信网络覆盖：卫星通信、短波、移动通信、超短波、数字集群等	海格通信、中电科技七所、海格怡创、杰赛科技、海能达、华为、中兴通讯
	电子海图与信息系统：电子海图引擎开发与应用技术	南海技术中心、南方测绘、中海达、建通测绘、海格通信、中山大学
水下电子信息	光缆技术、光纤传感网、海底测绘技术、声呐传感与通信、海洋（海床）浮标	中山大学、南海技术中心、中海达、南方测绘、广东工业大学
海事电子装备	航迹记录仪 VDR、自动识别系统 AIS、自动应答系统 ADS－B、综合控制台、船载通信导航系统	海华电子、研祥智能、中山大学、杰赛科技
智慧港航系统	5G 港口、港口信息化	华为、珠海港信

（4）海洋科技创新成果丰硕。产学研协同创新平台建设稳步推进，产业智能化、无人化趋势明显，在国内形成了具有领先优势的技术力量。在船舶电子、海洋观测和探测、海洋通信、海洋电子元器件等海洋电子信息设备和产品，以及海洋信息系统与信息技术服务等方面不断取得关键性技术突破。其中，广东省科学院、南方海洋科学与工程广东省实验室（广州）签署共建“海洋遥感大数据应用研究中心”框架协议；深圳推进全球海洋大数据中心建设，深圳海洋电子信息产业研究院揭牌，助力打造“海洋电子信息＋”特

色产业链；国内首艘智能型无人系统母船开工建设，国内首个自主研发建造的海底数据舱落地珠海；广州港南沙港区四期工程实现装卸船系统联调；具备全球领先集群技术和自主航行能力的便携式多波束测量无人船正式推出；新一代高频海洋探测仪和三维浅剖仪研制完成。

2. 存在问题

广东省海洋电子信息产业规模增速较快，产业集聚效应明显，已形成一批龙头型企业，主要聚集在深圳、广州等珠三角地区，但其产业发展仍存在一些问题，主要体现在金融支持力度、产业链衔接、高层次人才缺乏、创新成果转化难等方面。

（1）海洋企业融资难，金融支持力度还需加大。广东海洋六大产业向纵深发展，产业的资金需求量逐步增大。在财政政策方面，一是对海洋电子信息产业缺少税收方面的政策支持；二是对新产品试制、科技创新活动中具有自主知识产权的技术型研究开发、公共技术平台、重点实验室、科技创新条件与环境建设及技术标准规范研制等，仍需加大财政政策资助力度。在社会资金方面，由于海洋电子信息技术要求高，其投入大、回收周期长的特性提高了投资门槛，进而制约了社会资本的进入，导致海洋电子信息产业获得社会资金支持的力度有限。银行信贷对海洋电子信息企业支持力度不够，中小微企业融资门槛高，获取银行信贷的难度较大。

（2）技术外溢效应较小，产业链衔接有待完善。海洋电子信息技术较多聚焦于单一功能模块及系统等领域，产业链上下游企业间技术外溢效应较小，产业链、供应链相关企业之间的技术交流和专业化分工合作程度不高，缺乏形成复合型多功能的综合信息系统及设备产品。由于省内海洋经济发展程度存在较大梯度落差，技术水平差异明显，使区域内产业链不能有效衔接。例如，海洋卫星通信系统未形成广泛的业务化应用，其下游的海洋工程装备智能化有待进一步的完善。广东省海洋电子信息产业呈现“两头小（应用系统、感知探测）+中间大（通信网络）”的格局，表现为通信产业和电子制造业发达、产业链完善、配套齐全，在载体平台方面形成了新兴产业特色，在未来极具潜力的无人机应用方面具有领先优势。但在参与国家级系统工程的总体设计与实施方面有待补强，在感知探测层面的核心技术与关键器件方面有待突破。

（3）高层次人才缺乏，“北重南轻”局面尚未改变。科研机构数量略显不足，高层次人才缺乏。从国家的海洋科研机构分布来看，呈现明显的“北重南轻”局面，仅青岛就集聚了超过全国1/3的海洋科研和教学机构、70%的涉海领域的两院院士以及50%的海洋领域的高层次科研人才，上海、天津也拥有中船重工第七研究院、国家海洋信息中心等多家国家级海洋科研机构。海洋电子信息技术和产品的产业化涉及船舶、电子、通信、导航、电器、机械等多学科的交叉融合，但缺乏高层次复合型人才的支撑。在电子、计算机、人工智能、大数据等专业方向上，人才资源流动倾向于互联网、汽车等新兴信息电子行业。另外，海洋电子信息技术壁垒较高，产业化进程缓慢，需要具备市场、管理、知识产权等产业化相关知识的复合型人才支撑，然而省内成立的海洋电子信息产业相关科研机构数量较少，高校开设相关专业学科不多，缺乏产学研合作交流，人才培育机制有待完善。

（4）产业资产周转率、技术创新成果转化率偏低。海洋电子信息产业由于具有资本密集型特点，加上作为刚起步的战略性新兴产业，资本投入较大，企业资产周转率偏低。在海洋电子信息、海洋监测、船舶电子等领域与发达国家之间的差距较大，海洋电子信息产业设备大部分依赖进口，技术创新成果的转化在很多情况下都受制于人，甚至出现需要使用的技术创新成果由于高昂的专利费而无法投入的情况。同时，技术创新成果的转化是一项系统的工程，需要多方面的协调与合作，而目前在技术创新过程中，资金、人员以及领导等方面的协助与扶持程度不高，技术创新成果的转化率偏低。国内水声定位导航技术产业化虽已进入快速发展阶段，但仍缺少成熟度更高、操作更人性化的水声定位产品，国内市场长期被国外生产商占据。

3. 发展趋势

海洋电子信息产业进入快速发展期，主要动力来自军民两端需求齐增长：第一，国家政策确立海洋信息化发展地位，政府部门积极推动海洋信息化建设和应用，发展海洋电子信息产业符合培育新动能和调整产业结构的要求；第二，防务立体化，海底监测需要重点加强；第三，海洋经济加快海底观测网布局，国家已启动智慧海洋、全球海洋观测网、海底科学观测网等一批重大工程项目，对海洋信息技术和产业基础提出要求。

（1）卫星通信助力构建海洋通信网络。海洋信息化是建设海洋强国的关键一环，加快建设以信息为主导的“智慧海洋”，可以有效提升我国开发和管控海洋的能力，是发展海洋经济、保护海洋环境、建设海洋强国的时代要求。基于物联网的海洋电子信息具有智能化、小型化、低成本、低功耗、低时延等优势，因此，海洋电子信息是实现海洋透彻感知、加快海洋信息化建设的重要技术手段之一。而卫星通信是发展海洋信息化，构建海洋通信网络的主流技术。

从国际发展趋势上看，近年来，美欧等主要国家和地区加快部署卫星互联网，Space X、OneWeb、Facebook 等科技巨头积极参与，推动形成了全球卫星互联网建设新浪潮。从中国的发展趋势上看，政策利好因素持续推动卫星通信的发展，当前，中国的海洋通信行业产值为 400 亿元人民币，其中卫星通信产值占一半以上。随着国家卫星的发射、国家卫星互联网的建设，以卫星通信为主的海洋电子信息产业正在快速发展，低轨卫星的发展将进一步降低成本，提高海洋电子信息竞争力。依据五年的推广、采购、装备周期计算，未来五年卫星移动通信终端年均市场规模将达 80 亿元量级。

（2）海洋环境立体观测体系逐步建立。海洋在调节全球大气环流和气候变化中起着很重要的作用，海洋观测数据的准确实时获取对于海洋科学研究、环境预报和防灾减灾等具有重要意义。海洋观测手段主要包括利用调查船和潜浮标等开展的海基观测，利用卫星遥感和航空观测等开展的天基观测，以及利用水下传感器、海底光纤等组成的海底观测网。在海洋观测领域，现代海洋观测技术正朝着综合化、立体化、实时化、网络化、智能化的方向发展，利用物联网、大数据、人工智能等技术建立海洋环境立体观测体系是海洋领域的一个热点研究方向。

从国际发展趋势上看，美国、澳大利亚、欧盟等海洋强国和地区都将海洋信息的智能感知、获取、传输、应用列为重点发展方向。从国内发展趋势上看，中国在海洋信息化方面起步较晚，与发达国家仍存在较大差距，尤其是在核心传感器方面，如重、磁、电、震、声等仪器设备，几乎全部依赖进口；同时，我国的海洋观测建设已进入起步阶段，但已有和在建的项目仍处于相互分散、孤立的状态，技术及产品缺乏一定支撑。

4. 对策建议

（1）加强规划引领。一是从省级层面做好规划引领。加强海洋电子信息产业的顶层设计和体系化布局，引导国家级电子产业形成集团布局，整合市场、政策优势，打破体制分割障碍，实施省级重大工程牵引。联合省级部门、地方相关管理部门等形成合力，出台产业行动方案。二是优化营商环境。坚持市场在资源配置中的决定性作用以及更好地发挥政府作用，引导企业提升海洋电子信息产业业务规划能力，做好资源优化整合，明确产业核心竞争优势。三是持续加大财政投入。积极争取海洋产业专项资金，提高对海洋电子信息产业的投资占比，重点发展船舶电子、海洋观测和探测、海洋通信、海洋电子元器件等关键核心技术及设备制造，大力推进海洋电子信息创新技术产业化，解决海洋电子信息产业发展中的“融资难、融资贵”问题，鼓励社会资本参与。

（2）强化产业链衔接。一是积极延伸海洋电子信息上游产业链。聚焦传感器关键元器件研究，重点发展海洋生物和化学传感器，研究开发具有无线通信、传感、数据处理功能的无线传感器。二是提高下游产业链支撑能力。提升船舶海洋电子系统、海基系统和水下系统等应用系统的信息化集成与服务功能。完善产业配套功能，推动高端人才、企业等要素集聚，提升海洋电子信息产业的上下游整合能力。三是构建海洋电子信息生态系统，大力提升对海洋电子产业下游的辐射能力。

（3）积极建设人才队伍。一是通过国家、省级层面的人才引进计划，聚焦关键核心技术和破解“卡脖子”问题，引进世界一流的科研创新团队，重点引进欧美船舶电子领域的高端领军人才，加快落实境外高端人才、紧缺人才个人所得税优惠政策，优化人才评价和激励机制。二是校企联动填补人才缺口，精准定位高端专业人才培养模式，不断深化校企合作、强化产教融合，促进专业与产业、企业、岗位对接，专业课程内容与职业标准对接，加快培养一批水声通信、船舶电子、水下系统等领域的高精尖人才，教学过程与生产过程对接，培养高素质海洋电子信息人才。

（4）开拓海洋电子市场。紧跟广东海洋经济政策导向，通过品牌建设、技术交流活动等方式提升企业形象，整合企业内部资源要素，调整业务结构，提高核心技术业务占比，积极拓展市场渠道，扩大产品知名度。积极鼓励企业技术研发人员参与座谈、考察等交流活动，深入沟通，获取更多的产品、应用系统等信息资源，以用于产品优化。积极参与国际大型展会，加强与国际市场的交流互动。发挥海洋电子信息技术在大数据、海洋人工智能等新兴板块的基础性支撑作用，逐步拓展海洋电子信息产业市场应用领域。

（二）海上风电产业发展情况及机遇分析

1. 现状概括

海上风电是能源转型的主力军，是广东践行“双碳”战略的重要支撑。2021 年，全省海洋电力业增加值 46 亿元，同比增长 81.5%。全省累计建成投产海上风电项目装机约 651 万千瓦，预计每年可节约标煤约 575 万吨，可减少二氧化碳排放约 1530 万吨。①

（1）海上风电项目建设取得新突破。根据广东电网公司数据，截至 2021 年年底，海上风电项目新增投资超 700 亿元，完成年度投资计划的 167.8%，新增投产海上风电项目 17 个，并网容量 549 万千瓦，新增海上风电接入总量占全国的近 1/3。全省共有三峡阳江沙扒一至五期项目、华电阳江青洲三项目等 21 个海上风电项目实现机组接入并网，累计并网总容量突破 650 万千瓦，同比增长 545%，超出了 2021 年年底并网容量达到 400 万千瓦的目标，且占国内新增海上风电接入总容量的近 1/3。全球首台抗台风型漂浮式海上风机成功并网发电。“大万山岛兆瓦级波浪能试验场”获用海审批。亚洲在运单体容量最大的海上风电项目——国家电投湛江徐闻 60 万千瓦海上风电项目全容量并网。

（2）关键技术及应用实现新突破。依托广东省海洋大数据中心、先进能源科学与技术广东省实验室海上风电分中心、华南理工大学广东省船舶与海洋工程技术研究开发中心等科研单位和重要研究平台，以及以明阳智能、金风科技等龙头企业为主要创新主体，海洋科技创新不断进步。广东海洋协会海上风电分会、海上风电产业联盟、广东省海上风电大数据中心等产业协同发展平台的建设进一步凝聚了产业力量。

2021 年，国内首艘专业风电运维船“中国海装 001”号下水。国内首款独立自主研发设计和制作的百米级超长碳波混叶片成功下线。首次实现半潜式重吊平台在国内海上风电大直径单桩基础施工的应用。国产 16 兆瓦全球最大海上风机获 DNV（挪威船级社）颁发可行性声明。“漂浮式海上风电成套装备研制及应用示范”项目完成一体化仿真初步设计。全球最大的半直驱风电机组 MySE16.0－242 机型获得 DNV 和 CGC（北京鉴衡认证中心）颁发的设计认证。

（3）全产业链发展逐步完善。广东海上风电起步较晚，但政府十分重视，积极争取央企等“国家队”力量助力当地风电场项目建设，推动了广东海上风电产业链快速发展完善。

海上风电产业链自上而下为海上风电装备与零部件制造、海上风电施工、海上风电运营维护、风电并网及电网运行和海上风电专业服务等。阳江海上风电全产业链基地初具规模，粤东海工、运营维护及配套组装基地加快

① 数据来源：《广东海洋经济发展报告（2022）》。

建设，广东基本形成了集风电机组研发、装备制造、工程设计、检测认证、施工安装、运营维护于一体的风电全产业链体系。

（4）海上风电场分为粤西和粤东两大区域进行建设：①粤西地区，阳江海上风电产业基地以明阳智能、金风科技为龙头，初步形成了集研发设计、装备制造与出运、监测认证、运营维护于一体的海上风电产业集群，涵盖从风电整机设计开发到叶片、电机、变桨系统、塔筒、润滑系统、风机基础、海底电缆等全链条风电装备部件，海上风电产业集群已初具雏形。落户风电装备制造项目21个，总投资近200亿元，年产值超300亿元，同步构建南中国海海上风电装备出运和运维母港、国家海上风电装备质量监督检验中心、海上风电技术创新中心、海上风电大数据中心、海上风电运营维护中心等“一港四中心”全产业链生态体系。②粤东地区，正在形成以汕头和汕尾为代表的海上风电开发产业集群。总投资50亿元的汕头大唐勒门Ⅰ海上风电项目开工建设；汕尾（陆丰）海工基地产业园区完成投资43.2亿元，明阳整机及叶片项目建成投产，中天海缆、天能重工等项目开工建设，明阳智能汕尾海上高端装备制造基地投产。海上风电产业区域分布情况，详见表3－2。

表3－2　海上风电产业区域分布情况

区域布局	粤西	粤东	珠三角
龙头企业	明阳智能、金风科技	上海电气、明阳智能、通用电气（GE）	明阳智能
重点产业基地/园区	阳江海上风电产业基地	揭阳海上风电机组总装基地、汕头海上风电智能制造基地、汕尾（陆丰）临港产业园	中山风电产业基地
主要产业链环节	中游（高端装备制造）	中下游（运营维护和整机组装）	上下游（科创金融）

2. 存在问题

由于广东沿海地质、气象条件复杂，海上风电产业起步较晚，发展经验还不够充分，缺乏成熟技术和完善的配套服务，企业融资渠道匮乏，协作机制有待健全。

（1）缺乏成熟技术和完善配套服务。海上风电产业集群涉及专业研发设计服务业、高精尖制造业、运营维护等，产业链环节众多。广东省海上风电产业集群已初具规模，基本形成了“装备—施工—运营—专业服务”的产业体系。但海上风电产业链上企业的核心技术不够成熟，关键核心技术、关键设备和材料依赖进口，相关配套服务和基础设施不够完善的问题突出。

一是海上风电风机设备抗台风、防盐雾腐蚀、深远海等关键技术有待突破，核心产品有待开发；二是基础设施（如海上风机试验场、公共码头等）亟待推进，电网建设和海底电缆路由有待进一步统筹衔接，协同创新、产学研一体化创新机制尚不成熟，科技成果转化指引模糊，市场化的海上风电创新服务供给较为缺乏；三是海上风电地质、水文、气象等公共资源数据缺乏整合，相关规范、技术标准、测量评估和检测认证标准尚未建立。

（2）企业自生能力弱，发电成本高。一方面，企业自身融资能力弱。相比于常规能源产业，海洋清洁能源产业的初期建设融资成本高、见效慢、风险高，很难吸引投资者。由于广东海上风电建设经验较为匮乏，海上风电设备、施工技术、项目建设和运营维护成本仍存在较大的不确定性，海上风电建设和运营维护面临较大风险，尤其是广东沿海的不确定因素较多，如海防前沿、地质条件、气象条件复杂，海上风电投资回报水平较难明确，导致投资方决策较为困难，相关企业融资受阻。另一方面，海上风电的发电成本较高，需要通过政府电价补贴维持项目的收益，急需寻找降低发电成本的有效措施。广东省海上风电仍有很多降本增效的空间，海上风电关键技术，如风电机组大型化、大规模开发的规模效应、专业施工船舶设备投入、大数据技术等能带来的成本降低幅度尚未可知。相关企业在全球的竞争力相对较弱，加大科技研发投入，是进一步降低生产成本的关键。

（3）沟通渠道未畅通，协作机制有待健全。海上风电项目选址和建设涉及能源、海洋、海事、环保、军事等多个管理部门，审批流程复杂，前期工作需要大量沟通，工作推进效率有待提高。相关补贴和扶持资金存在一定缺口，对开发成本极高的海上风电没有形成关键性的推动作用。公共服务保障投入不足，测量勘察、监控检测、标准认证、融资租赁等专业服务尚处于起步阶段。海上风电产业联盟处于建立初期，政府与企业间的沟通渠道尚未畅通，供需信息未能及时传达。

3. 发展趋势

广东海上风电发展已经迈入平价上网新阶段，广东将继续致力于引领平价海上风电持续健康发展，为我国平价海上风电开发建设提供更多可借鉴的范本，更好助力国家实现碳达峰、碳中和的目标。

（1）能源革命将进一步推进。近年来，国家陆续出台了相关的政策法规以支持海洋清洁能源项目发展，先后颁布了《海洋可再生能源发展纲要（2013—2016年）》《海洋可再生能源发展“十三五”规划》等文件。《中华人民共和国国民经济和社会发展第十四个五年规划和2035年远景目标纲要》（简称《“十四五”规划纲要》）提出，要推进能源革命，建设清洁低碳、安全高效的能源体系，提高能源供给保障能力。有序发展海上风电，建设广东、福建、浙江、江苏、山东等海上风电基地。《“十四五”规划纲要》涉及的海上风电相关内容，详见表3－3。

表3－3　《“十四五”规划纲要》涉及的海上风电相关内容

地区	主要内容
中国	壮大节能环保、清洁生产、清洁能源、生态环境、基础设施绿色升级、绿色服务等产业。加快发展非化石能源，坚持集中式和分布式并举，大力提升风电、光伏发电规模。加快发展东中部分布式能源，有序发展海上风电。加快西南水电基地建设，安全稳妥推动沿海核电建设。建设一批多能互补的清洁能源基地，非化石能源占能源消费总量比重提高到20%左右
广东	逐步形成沿海重化产业带和海上风电等清洁能源产业集群。大力发展清洁低碳能源。优化能源供给结构，实施可再生能源替代行动，构建以新能源为主体的新型电力系统。推动省管海域风电项目建成投产装机容量超800万千瓦，打造粤东千万千瓦级基地，加快8兆瓦及以上大容量机组规模化应用，促进海上风电实现平价上网。加快能源科技革命。实施绿色低碳能源工程。规模化开发海上风电，建设阳江沙扒、珠海金湾、湛江外罗、惠州港口、汕头勒门、揭阳神泉、汕尾后湖等地海上风电场项目①

（2）海上风电将迈入平价时代。2020年1月，财政部、国家发展改革委、国家能源局联合印发的《关于促进非水可再生能源发电健康发展的若干意见》中明确提出，从2022年起，取消新核准海上风电项目的国家补贴，

① 本部分内容在《广东省国民经济和社会发展第十四个五年规划和2035年远景目标纲要》中有提及。

意味着我国海上风电产业要提前进入“平价时代”。

广东是能源消费大省。从广东的能源结构和电力需求来看，发展海上风电是能源结构优化调整的主要方向和应对气候变化的重要措施，也是充分发挥海洋优势、培育新经济增长点的重要抓手。根据南方电网广东电网公司数据，2021 年广东省全社会用电量达 7866.63 亿千瓦时，同比增长 13.58%，位居全国省份榜首。由于目前海上风电电价中超过一半靠补贴，一旦补贴不及时，可能导致现金流断裂，影响海上风电的持续健康发展，因此，广东省以“省补”方式接力国家补贴，助力广东省海上风电高质量发展。

广东得益于粤港澳大湾区，站在国际前沿，能够更多地参与全球性的能源合作，引进国际先进技术装备，吸收形成自身技术优势。中广核汕尾甲子—50 万千瓦海上风电项目顺利实现全场 78 台风机并网发电，标志着国内首个平价海上风电项目实现全容量并网发电，也标志着粤东地区首个百万千瓦级海上风电基地（包括中广核汕尾后湖 50 万千瓦、甲子—50 万千瓦）正式建成投产。该项目建成投产具有标志性意义，为我国平价海上风电开发建设提供了“中广核样本”。

（3）投产装机容量将进一步扩大。自 2018 年 3 月《广东省海上风电发展规划（2017—2030 年）（修编）》印发以来，多个海上风电产业基地在广东省陆续投建，多地风电产业基地计划产值超过百亿元。同时，广东积极争取央企等“国家队”力量助力当地风电场项目建设，推动了广东海上风电的快速发展。

2022 年，广东省政府工作报告中再次昭示发力海上风电建设的决心。广东政府提出，大力推进绿色制造、清洁生产，加快能源结构调整，新投产海上风电 549 万千瓦。一方面，广东离 2025 年实现装机容量 1800 万千瓦的目标差距较大，需要继续发力；另一方面，除关注风电场项目建设，广东更多的应是着眼于海上风电整条产业链的延伸，需加快布局风机市场，带动下游风电场运营维护等产业的发展。

4. 对策建议

（1）研究、落实可再生能源基金补贴政策。加强省级和市级财政资金对海上风电项目和产业发展的支持，充分利用现有财政专项资金，重点支持海上风电核心关键技术和核心高端产品研发，以及重大装备制造和示范项目建设等。建立广东海上风电产业创投基金，重点关注核心关键技术、核心高端产品及产业化示范，有效引导社会资本进入产业发展相关重点领域和关键环节。落实全额保障性收购制度，电网企业要全额收购符合并网技术标准的海上风电上网电量，确保规划内风电项目优先发电。

（2）开发建设专责协调小组。海上风电产业发展涉及多部门职能，强化广东省海上风电开发建设专责协调小组统筹职能，制订开发方案，充分与有关单位沟通并争取其支持，协调海洋、海事、环保、航道、国土、电力等有关部门及相关市县，大力推动海上风电产业发展规划的具体实施。各有关地级以上市政府要积极协调解决项目开发建设中的问题，督促业主有序推进项目开发，相关部门要简化审批流程，探索建立海上风电产业发展项目一站式联审制度，切实提高项目审批效率。探索成立海上风电项目风险管控小组，及时预判和管控项目的社会稳定风险、运营维护风险、军事风险等，为项目顺利推进提供风险处置指引。

（3）进一步细化建设规划。进一步细化广东海上风电，尤其是深水区海上风电场的开发建设规划，逐步建立海上风电场建设由近海到远海、由浅水到深水、由小规模示范到大规模集中开发的总体格局，同步深化海上风电产业发展规划，以实现相关产业和技术的协调有序推进。适度引入市场竞争，促进海上风电产业健康发展，在积极支持本地骨干风机制造企业做大做强的同时，选择1～2家技术水平较高、综合实力较强的国内外风机制造优势企业到广东投资建设风机制造和运营维护基地。在广东设立区域性总部和研发中心，实现产业发展的优势互补和差异竞争，将广东打造成为国内先进风机制造基地和“一带一路”海上风电装备出海门户。

（4）强化金融支撑作用。鼓励金融机构创新金融产品，对有市场竞争优势的风电设备制造企业提供便捷、优惠的金融服务。将一批具有核心竞争力的海洋工程装备制造企业和海上风电运营维护服务商列入重点支持名单，完善海上风电征信体系，鼓励银行切实加大倾斜力度，支持海上风电产业加快发展。引导和支持优质海上风电企业发行企业债、公司债、非金融企业债务融资工具，加大绿色债券在海上风电产业的推广与应用。加快培育海上风电保险业务，开发创新险种，为海上风电产业保驾护航。积极发展服务海上风电的信托投资、股权投资、风险投资等投融资模式，推动银行、保险、担保机构等建立投贷联盟。支持设立涉海金融租赁公司。

（5）完善人才队伍建设。针对广东海上风电产业需重点攻克的核心关键技术和需重点突破的核心高端产品，积极引进相关专业的国内外尖端人才。积极培养海上风电产业专业技术人才，大力支持风电骨干企业以需求为导向，与高等院校、科研机构等联合办学，实施人才定向培养计划，为海上风电开发建设、工程施工、装备制造、运营维护等领域提供对口专业人才。积极引导海上风电企业创新人才培养机制，在开发建设实践中培养造就专业人才，打造产业发展的技术尖兵和实战团队。在加大人才引进和培养力度的基础上，不断创新人才开发和使用模式，如跨区域人才共建、跨行业人才共建、“互联网＋人才”等，形成广域协同创新、人才共配共享的新型发展格局。

（6）加强对外交流合作。海上风电产业发展的国际市场格局决定了加强交流与合作的重要性，广东应在注重自主研发的基础上，通过“引进来”实现关键技术的引进消化吸收再创新，以有效提升产业的国际竞争力。伴随着“一带一路”倡议的深入实施，广东应充分发挥海上桥头堡的作用，适时促进海上风电产业“走出去”，如赴欧洲发达地区并购（或设立）区域总部和研发基地，赴东南亚投资建设海上风电装备制造和运营维护基地等，抢占国内国外“两种资源”“两个市场”，以加速壮大产业规模。

（三）海洋工程装备产业发展情况及机遇分析

1. 现状概括

广东省珠三角是我国三大造船基地之一，具有良好的基础造船工业。近年来，高端船舶和海洋工程装备产业实现平稳快速发展。

（1）深海资源开发装备与高技术船舶建设稳步推进。2021 年，全省海洋工程装备完工量 16 座（艘），同比增长 45.0%；新承接订单量 20 座（艘），同比增长 186.0%；手持订单量 29 座（艘），同比下降 40.0%。国内 7800 千瓦超大型智能化自航绞吸挖泥船“昊海龙”号完成试航。全球首艘智能大型公务船“海巡 09”、大型深远海养殖平台“湾区横洲号”完成交付。亚洲第一深水导管架——流花 11－1 导管架开工建造。我国自主设计建造的重量最大、设备国产化率最高的海上原油生产平台——陆丰 14－4 平台完成安装。国内首艘 2000 吨自升自航式一体化海上风电安装平台开工建造。①

（2）全产业发展格局基本形成。从海工装备产业链角度看，与沿海兄弟省份相比，广东海工装备产业主要以中下游居多，即中游装备制造、通用设备配套和下游产业服务。

广东省依托中集集团、招商重工、惠尔海工、广船国际等海洋高端装备龙头企业，积极促成中船集团、中国海洋石油集团等大型央企在南方成立总

① 数据来源：《广东海洋经济发展报告（2022）》。

部，初步形成了规模超百亿元的海洋高端装备产业集群。全产业链发展格局基本形成，主要覆盖产业链设计研发、装备制造、装备配套和应用服务等环节。重点鼓励对浮式生产储卸装置、深水半潜平台、12 缆深水物探船等海洋工程装备技术进行联合攻关。推动绿色智慧型移动浮岛示范工程建设，加快对深远海养殖平台、深海载人潜水器、海洋可再生能源和矿产资源开发装备等的研发和示范应用。

（3）产业体系趋于完善，外向型经济优势明显。广东省高端船舶与海洋工程装备产业发展借助资源优势与区位优势，发展迅速，产业体系趋于完善，外向型经济优势特别明显，产业辐射能力突出，初步形成了珠三角、粤东、粤西三大海洋经济区高端船舶与海洋工程装备产业集群。广东省高端船舶与海洋工程装备产业链，如图 3 -2 所示。

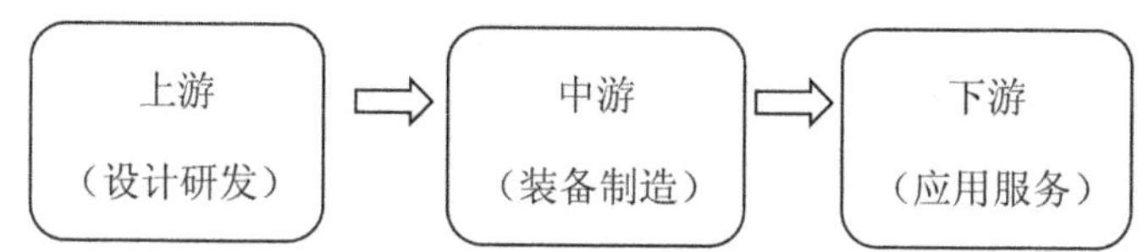

图 3 -2　广东省高端船舶与海洋工程装备产业链

在珠三角地区，逐步形成了以广州、深圳、珠海、中山为代表的四大聚集性船舶工业发展基地。广州，以龙穴造船基地为核心，形成集船舶制造、船舶修理、海洋工程、邮轮及船舶相关产业的海洋工程装备产业集群；深圳，依托中集集团、招商重工、友联船厂等海洋高端装备龙头企业，初步形成了规模超百亿元的产业集群，已具备大规模制造海上钻井平台的能力，并覆盖产业链设计研发、总装、建造和应用等上中下游环节；珠海，船舶和海洋工程装备示范基地已经形成了上下游配套齐全、研发与制造兼具、技术先进的船舶与海洋工程装备产业集群；中山，船舶与海洋工程装备产业基地已初步形成以海工钢构、海上施工、辅助船舶、港口设备、平台设备等为主体的海洋工程装备制造产业。

在粤西地区，以阳江为核心的海上风电产业集群已初具雏形：落户风电装备制造项目 21 个、总投资近 200 亿元、年产值超 300 亿元，同步构建南中国海海上风电装备出运和运营维护母港、国家海上风电装备质量监督检验中心、海上风电技术创新中心、海上风电大数据中心、海上风电运营维护中心等“一港四中心”全产业链生态体系。在粤东地区，以汕尾（陆丰）为代表的海工基地产业园区不断完善：已完成投资 43. 2 亿元，明阳整机及叶片项目建成投产，中天海缆、天能重工等项目开工建设，明阳智能汕尾海上高端装备制造基地正式投产。

2. 存在问题

（1）产业层次存在提升空间，配套产业发展略显滞后。低附加值的海洋工程装备制造细分产业仍占多数。海洋工程装备研发、设计、总装及总承包方面的能力与国际先进水平相比还存在不小差距，产品类型集中在装备主体结构物的制造，上层模块及设备的设计和安装往往依靠外国企业。海洋工程装备相关配套产业方面发展滞后，基础部件的铸造、锻造、热处理、表面处理等工艺整体水平不高；核心装备本地化配套产业发展不足，如高强钢、轴承、液压件、液气密封件、模具、齿轮、坚固件等基础件；泵、阀、风机等通用件性能和可靠性不高，规格品种不全，导致省内多数海洋工程企业只能从事海洋工程装备主体结构建造，且绝大多数是分包项目，缺乏总承包能力。

（2）研发难度较大，关键核心产品国产化水平不高。高端船舶与海洋工程装备产业集群发展所需的配套装备规格种类较多、技术含量高、研制难度大，广东省船舶和海洋工程装备产业“缺芯少核”问题突出，配套设备生产能力较弱，自配套率不足 30%，尤其在核心配套领域，自配套率低于 10%。同时，能在各个细分领域掌握核心技术的“专精特新”企业还不多，关键核心部件的自主研发设计能力尚待成熟，如在浮式生产储卸装置（FPSO）、浮式液化天然气生产储卸装置（LNG - FPSO）等深水高端装备的自主研发和设计方面还较弱，其高技术和高附加值的核心配套产品和零部件则基本上都由欧美企业提供。再如，在深海探测、安装与维修作业潜器的关键元器件与材料仍依赖进口，与潜器配套的水下作业工具、深海安装维修工装具的国产化程度较低。

（3）存在产品同质化现象，集群定位不够清晰。受核心技术滞后、专业人才匮乏以及配套支撑不匹配的因素影响，浅水和低端深水装备领域成为广东省海工企业竞争的主阵地，产品供求结构不均衡，出现新的结构性产能过剩隐忧，甚至出现了低价竞争的现象，从而抑制产业的良性、快速发展。此外，省内不少沿海地市均提出要大力发展高端船舶与海洋工程装备产业集群，但定位不够清晰，缺乏因地制宜的导向，忽视了寻求产业差异化途径，重复建设现象普遍。

（4）集聚效益未充分发挥，产业服务保障体系还需完善。在市场门槛高、技术标准严、资金需求大等因素的制约下，海洋工程装备尚未形成系列化、批量化生产，龙头骨干企业和特大型项目的带动效应还不够强，上下游配套企业和项目集聚度较低，产业链条有待完善。产业服务体系仍不完善，缺乏维修、物流、咨询、金融等配套的企业和全球性的营销及服务网络。全省产业技术研发机构较少，产学研合作、教育培训、人才服务等公共平台建设有待加强，专业服务水平尚不适应高端船舶与海洋工程装备产业集群发展的需要。虽然省内大部分沿海城市制订了海洋经济发展规划，但配套政策措施较少，有些政策没有真正落实到位，不能充分发挥规划对集群发展的引导作用。

（5）高层次人才不足，人才队伍建设有待加强。高端船舶与海洋工程装备产业集群的人才大多来自传统船舶工业、装备制造业等企业，专业设计机构的高层次人才较少，尤其是高端技术装备的基础研发人才、创新型研发人才、高级营销和项目管理人才、高级技能人才等较为匮乏，且不少海洋工程企业中关键技术研发和管理人才主要从国外高薪引进，流动性较大，不利于企业技术基础的积累及长远的技术进步。在高校的专业相关人才培养方面，仅有中山大学、广东海洋大学、清华大学深圳国际研究生院和南方科技大学等少数高校有开设涉及海洋工程专业的课程，且专业开设的时间不长，培养的人才队伍并不能完全满足海洋工程企业生产和创新需要。在实验室人才方面，南方海洋科学与工程广东省实验室、海洋工程总装研发设计国家实验室深圳分室、深圳市智能海洋工程制造业创新中心等的建设处于起步阶段，相关人才队伍要具备全面支撑广东省海洋工程装备研发的能力，仍需要较长时间的发展和积累。

（6）环境问题需重视，资源环境要素保障有待加强。一是现有的船舶工业产业集群过于依赖资源密集和劳动密集的传统、粗放型发展模式，面临着土地、环境、资源的严重制约，单位土地面积产出率不高，环境约束日益显现；二是当前海洋环境保护问题严峻、规范标准日益严苛，环境问题或将成为临港工业发展的桎梏，为地区招商引资带来诸多困难，如何正确处理好海洋环境保护与产业集群发展的关系是当前，也是未来相当长一段时间内的关键课题。

3. 发展趋势

（1）国际竞争将进一步加剧。

1）在高端船舶方面。近年来，我国船舶工业日趋强大，韩国不断夯实高技术船舶领域技术与规模优势，两国均在提升本土产业链能级，而日本造船及配套成本居高不下的劣势日渐突出，日本造船产业已出现衰退迹象，本土产能加速退出与对外转移。未来中韩两强争霸格局将逐步夯实，特别是在高端船舶产业集群领域，我国仍处于发展上升期。另外，东南亚等地区也在发展中低端造船产业，但中短期内难以形成产业集群式发展业态。

2）在海洋工程装备方面。目前，全球海洋工程装备产业呈现出三级梯队的竞争格局：欧美处于第一梯队，垄断高端产品概念设计、基本设计及关键配套设备的研发制造，并在项目总承包上占据主导地位；韩国和新加坡处于第二梯队，在高端产品工程设计、总装建造方面具备雄厚实力，并承担了部分项目的总承包业务；以中国为首的新兴经济体处于第三梯队，以设计建造中低端产品为主，正逐渐向中高端产品和项目总承包转型。尽管我国海洋工程装备产业发展迅速，与韩国、新加坡的差距在逐步缩小，但是韩国在钻井船、海上浮式生产储油轮、浮式液化天然气生产储卸装置、再气化装置等高价值的总装建造及总承包建造等方面优势明显，而新加坡在自升式钻井平台、海上浮式生产储油轮改装、浮式液化天然气生产储卸装置改装等产品的建造效率、质量、成本控制等方面的能力也非常突出。总的来看，未来一段时期内，国内海工企业的外部竞争压力将进一步加剧。

（2）完备的产业链价值链日益成为国际竞争的关键。

1）在高端船舶方面。当前，我国已基本建立起完整的船舶工业体系，能够研制各类船型，国产配套供应链体系相对完备，服务保障水平不断提升。但需进一步关注的是，在高端船舶领域，我国的产业链体系尚不健全，核心技术、关重设备和综合保障存在短板甚至空白，产业链自主可控能力薄弱，价值链主要集中在中低端环节，如豪华邮轮、豪华客滚船等，本土设计研发实力有限，配套供应链参差不齐，总装建造仍处于经验积累阶段。

2）海洋工程装备方面。近年来，全球海洋工程装备总装建造市场已经形成中国、韩国、新加坡三足鼎立的局面，但项目总承包、设计以及关键核心系统和设备供应仍由欧美企业把持，总装建造国家仍然处于海洋工程装备产业链价值链的中低端位置。当前，全球海洋工程市场持续低迷，订单竞争激烈，并且油气开发商向承包商施压降低项目开发成本，导致建造企业的成本压力进一步加大。特别是对于我国而言，在项目总承包方面经验欠缺，基本设计能力薄弱，关键核心设备受制于人，而劳动力成本比较优势逐渐消失的背景下，亟须统筹整合国内相关力量和引进国际先进人才，组织开展核心关键系统和设备的技术攻关，提升自主配套能力和基本设计能力，补齐产业链价值链短板弱项，促进采购成本的降低和项目管理能力的提高，整体提升我国海洋工程装备产业的国际竞争力。

（3）产业市场需求仍需进一步提高。

1）在新造船市场方面。后疫情时代，世界经济总体复苏，产业链供应链恢复，绿色环保等新趋势为国际经济贸带来新动能，航运市场供需基本面整体向好，造船市场新船需求将明显改善，预计“十四五”期间年均新船需求为8000万～9000万载重吨，高于“十三五”水平。其中，高端船型将成为市场需求主力，液化气船，高技术、高附加值特种船需求持续活跃；另外，船型大型化、环保化、现代化也是传统船舶产业转型升级的方向。

2）在海洋工程建造市场方面。海洋工程装备运营市场从惨淡中复苏存在诸多不确定性，并且赋闲装备仍难以消减，建造行业短期内难以爬出谷底，特别是钻井平台和油气用途海洋工程船新订单将十分稀少，浮式生产平台和海上风电建设运营维护装备将成为建造市场拼抢的焦点。从“十四五”期间来看，国际原油价格难有大幅提升，运营市场复苏之路仍然曲折坎坷，装备建造市场难以回到2014年之前的市场繁荣时期，但在钻井平台少量更新需求、浮式生产平台和海上可再生能源装备的新增需求的支撑下，“十四五”期间年均海洋工程装备成交金额或将超过“十三五”期间成交水平，但大概率低于“十二五”时期行情。

全球船海产业服务市场正处于发展机遇期，前景可观。从存量市场看，全球船队规模持续增长为船海产业服务空间持续扩张构筑了基础。从增量市场看，客户需求已经由简单的装备需求，转向对装备全生命周期的服务保障和问题解决方案的升级需求，开拓了船海产业内涵，创造新的价值增长极。

4. 对策建议

（1）加强产业发展规划，优化产业布局。海洋工程装备产业及其配套产业群涉及钢铁材料、机械制造、电子信息和电器及仪表制造等众多产业领域，而且产业链较长、辐射面宽，须制订统一的产业发展专项规划，才能做到“有的放矢”地进行关联项目的引进和建设，以达到“事半功倍”的效果。应尽快研究制订广东省海洋工程装备产业发展规划，明确广东省海洋工程装备产业发展的重点方向和领域，细化产业的专业化分工和布局，为各沿海地市发展海洋工程装备产业提供重要指引。同时，还要加强区域间产业协同发展，明确粤港澳大湾区区域内部，以及粤港澳大湾区和东西两翼地区在海洋工程产品方面的差异化定位，避免各地“盲目”扩大产业规模和低质重复性建设，防止各地企业在产品上进行无序竞争，逐步实现错位发展，形成具有各自特色的产业链条和配套的产品技术体系，进而提高广东省海洋工程装备产业的国内国际竞争力。

（2）强化技术创新，推动各类创新资源集聚。海洋工程装备企业的技术创新能力决定着企业自身能否在国内外竞争激烈的市场中占有一定地位，同时也是整个产业实现又好又快发展的关键性因素。

要解决广东省海洋工程装备企业长期存在的“缺芯少核”的问题，一要采取自主研发与技术引进齐头并进的研发战略，充分利用国家支持政策、各种渠道和平台，加强广东省企业与世界先进国家和企业对高端海洋工程产品的合作研发，吸收国外先进的制造理念、技术和管理经验。二要组织行业骨干企业、高校、科研院所建立海洋工程装备产业联盟，加强“产、学、研、用”合作，在科研开发、配套集成、市场开拓、业务承包等方面开展深入合作，鼓励相互持股和换股，形成利益共同体，逐步推动整个海洋工程装备产业技术水平不断提高。三依托广东省海洋工程装备的国家实验室和省级实验室建设，鼓励海洋工程企业和相关科研机构积极承担国家重大科技专项和重大工程专项项目，推动更多国家级项目落地广东和转化，争取加快国家创新资源在广东省的布局配置，加快建设一批国家产业创新中心、工程技术研发中心和海洋工程装备试验基地等创新和试验平台。

（3）统筹发展配套产业，推动上下游产业的联动发展。围绕大型项目建设，以形成相对完整的产业链为目标，鼓励造船行业、机电行业、石油行业的相关骨干配套企业向“专精特新”配套件和零部件生产方向发展，积极培育一批自主创新能力突出、专业化优势显著、细分市场竞争力强的中小企业，填补产业链上下游空白，形成较为完善的配套体系。推进海洋工程装备制造企业与相关配套企业的战略合作，强化供需双方在技术、新产品研发等领域的交流与协作，鼓励总装建造企业建立业务分包体系，培育合格的分包商和设备供应商，加快建立协作加工、区域配送等社会化服务体系。

（4）加强人才队伍建设，积极营造人才发展良好环境。在世界范围内引进海洋工程装备领域的高层次专家团队和领军型人才，鼓励国内海洋工程装备企业创新人才、创新团队来广东创业，将海洋工程装备产业人才纳入广东省高层次专业人才认定范围，符合条件的按照有关规定享受住房、社保、就医、子女入学等优惠政策。依托创新平台的建设和重大科研项目的实施，积极培养具有跨专业学科研发能力的复合型人才，多方位培养海洋工程技术、产品生产与经营管理人才。针对研发设计类、生产制造类及综合服务类海洋高端装备企业的人才引进计划及服务需求，在研究项目设置、科技资金安排、实验室建设、人才落户等方面予以政策支持。支持和鼓励省内有条件的高校设立海洋工程装备产业相关学科，通过多种渠道和方式强化人才培养，逐步建立海洋工程装备产业专业人才库。

（5）加大金融支持力度，助推海洋工程装备企业加快发展。促进广东省金融机构建立完善海洋工程装备产业化项目建设金融支持体系，在信贷和融资方面加强对海洋工程企业的支持力度，鼓励风险投资、信托资金向海洋工程装备产业倾斜。探索优化针对海洋工程装备产业特点的信贷担保方式，拓宽抵押担保物范围，支持符合条件的海洋工程企业上市融资和发行债券。设立广东省海洋工程装备产业专项投资基金，同时吸纳广泛的社会资金进入海洋工程装备领域，主要用于重大项目的前期费用，包括重大招商引资项目和产业园区的前期投入、重点骨干企业的技术改造贷款贴息、重大海洋工程装备和关键技术的引进、消化、吸收和再创新补助等。

（6）强化政策支持，完善产业服务保障体系建设。完善广东省装备产业发展政策文件体系，制定支持海洋工程装备产业发展的相关配套政策。创新财政投资方式，加大对全省海洋工程装备核心产品研发和重点企业技术中心建设的财政投入力度，对拥有自主知识产权，关键核心技术的海洋工程企业实行税收优惠和财政补贴政策。创新广东省海洋工程科技成果转化和技术转移机制，加强海洋工程科技创新成果与产业的对接，培育一批机制灵活、面向市场的技术转移机构和社会化、市场化、专业化的海洋工程产品中介服务机构。强化自然资源要素保障，优先保障重大海洋工程项目用地用海需求。

（四） 海洋生物产业发展情况及机遇分析

1. 现状概括

2021 年，广东省海洋生物医药产业增加值 58 亿元，同比增长 13.7%，近年来随着海洋传统产业结构调整，海洋生物医药产业等新兴产业进一步迈向高端化、智能化，成为海洋经济转型升级的新动能。根据国家标准《海洋及相关产业分类》（征求意见稿）的分类，海洋生物产业可分为海洋渔业、海洋水产品加工业以及，海洋药物和生物制品业三个核心产业。《广东海洋经济发展报告（2021）》将海洋渔业、海洋水产品加工业划为海洋传统产业，而将海洋药物和生物制品业作为海洋新兴产业给予特别关注。海洋生物产业分类及说明，详见表 3－4。

表3-4　海洋生物产业分类及说明

类别名称	说明
海洋渔业	包括海水养殖、海洋捕捞、海洋渔业辅助性活动等
海洋水产品加工业	指以海产品为主要原料，采用各种食品储藏加工、水产总和利用技术和工艺进行加工的活动
海洋药物和生物制品业	指以海洋生物为原料或提取有效成分，进行海洋药物和生物制品的生产加工及制造活动

（1）产业聚集度提升。广东省内海洋生物产业发达，海洋生物企业呈现显著的地理集聚特征，自然资源禀赋、技术因素、消费结构、市场因素等是影响集聚格局的重要因素。目前，广州、深圳、中山、珠海等地都已在区域内形成了生物医药产业聚集，形成了重点产业集群、沿海城市全覆盖的发展格局。海洋生物技术研发、海洋生物医药制备等结构层次高、附加值高的产业主要集中在广州、深圳等珠三角地区；海洋渔业、海洋水产品加工等传统产业主要集中在粤东和粤西地区。深圳大鹏海洋生物产业园、坪山国家生物产业基地、广州生物岛、中山国家健康科技产业基地等一批海洋生物医药产学研合作平台和孵化推广基地，在海洋生物医药产业中发挥集聚行业资源的积极作用。粤港澳大湾区主要生物医药产业园，详见表3-5。

表3-5　粤港澳大湾区主要生物医药产业园

城市	说明
广州	广州聚焦现代中药、化学药、医疗器械和健康服务等产业领域，形成了“三中心多区域”的格局，即以广州科学城、广州国际生物岛、中新广州知识城为三大产业集聚中心，以白云生物医药园区、番禺生物医药基地和从化生物医药基地为辐射区的产业布局
深圳	深圳基本形成了以坪山国家生物产业基地、深港生物医药创新政策探索区、光明生物医学工程创新示范区、宝龙生物医药创新发展先导区、坝光国际生物谷精准医疗先锋区为主导的产业空间格局
珠海	着力推进粤澳合作横琴中医药科技产业园、金湾生物医药产业园、富山生物医药产业园和唐家湾医疗器械研发产业基地的建设，努力打造区域性新药创制中心、全国一流的生物医药产业基地和全球生物医药资源新型配置中心

续表 3－5

城市	说明
中山	中山市生物医药企业目前主要集聚在中山国家健康科技产业基地、南朗镇华南现代中医药城和翠亨新区生物医药科技园 3 大园区

（2）科研平台建设持续加强，核心技术研发成果显著。广东省主要依托本省科研单位和重要研究平台，在海洋生物资源挖掘、海洋天然产物和海洋药物研发以及海洋微生物新型酶和肽的生物制品研发技术领域取得较大的进展。2021 年，广东省依托中山大学、中科院南海海洋研究所、广东海洋大学等科研单位和重要研究平台，在海洋生物领域取得了较大的进展，特别是在海洋功能生物资源挖掘、海洋天然产物和海洋药物研发、海洋微生物新型生物酶和海洋蛋白肽的生物制品研发，以及海藻和鱼油等海洋水产品精深加工技术方面处于国内领先地位，部分技术接近或达到国际先进水平。证实海洋放线菌素类化合物对抑制多耐药金黄色葡萄球菌活性、产活性化合物 Q117 对降胆固醇和降脂活性的功效，同步推进海洋真菌活性菌株 SCSIO42D11 的发酵和 Q117 的制备；建立深海鱼胆汁中胆酸类物质的提取和纯化工艺；完成 SeNPs 作为常规抗肿瘤药物的化疗增敏剂的筛选、评价与给药配比。实现 TPMA 高产工程菌在传代发酵过程中稳定传代；初步建立化合物物质结构的气相质谱指纹图谱；构建液相色谱法胆汁酸组分指纹图谱和检测方法、针对食烷菌的基因敲除系统。2016—2020 年广东省海洋生物医药产业专利申请与公开情况，详见表 3－6。

表 3－6　2016—2020 年广东省海洋生物医药产业专利申请与公开情况

类别		2016 年	2017 年	2018 年	2019 年	2020 年
海洋渔业（含加工）	申请（项）	601	463	379	477	496
	公开（项）	409	486	447	404	485
海洋药物	申请（项）	493	484	633	364	301
	公开（项）	464	417	610	515	379
海洋生物及微生物产业	申请（项）	319	342	429	337	324
	公开（项）	224	270	400	378	405

注：数据来源于广东省知识产权公共信息综合服务平台。

（3）海洋生物资源种类丰富。广东省海洋生物资源十分丰富，海洋动物资源数量达2500余种，海洋浮游植物资源达400余种，海水捕捞量达400万吨，海水养殖面积高达30万公顷。生物多样性在全国处于优势地位，多方位开发利用前景十分广阔。《2021年广东省生态环境状况公报》显示，珠江口、大亚湾、雷州半岛珊瑚礁和南澳岛四个海域共鉴定海洋生物908种，其中，浮游植物325种、浮游动物243种、底栖生物和潮间带生物283种、造礁石珊瑚47种、珊瑚礁鱼类10种。珠江口、大亚湾、雷州半岛珊瑚礁和南澳岛四个海域各鉴定海洋生物360种、352种、239种和333种，海洋生物多样性指数平均分别为2.46、2.48、2.74和3.16。渔获物种类组成以青鳞鱼、沙丁鱼、带鱼和鲹类为主，占总渔获量的74.7%，带鱼、大眼鲷、鲳鱼、鲻鱼、头足类、马鲛、虾类和金线鱼等优质经济种类占总渔获量的18.1%。广东省海洋药用动物主要包括石决明、贝齿、瓦楞子、珍珠、牡蛎、文蛤、青蛤、海螵蛸、鲎、海参、海星、海胆、鲨鱼、膨鱼鳃、鱼脑、海马、海龙、瓣雀、海龟、玳瑁、长吻海蛇、抹香鲸等。广东省近岸海域海洋生物种类数，详见图3-3。

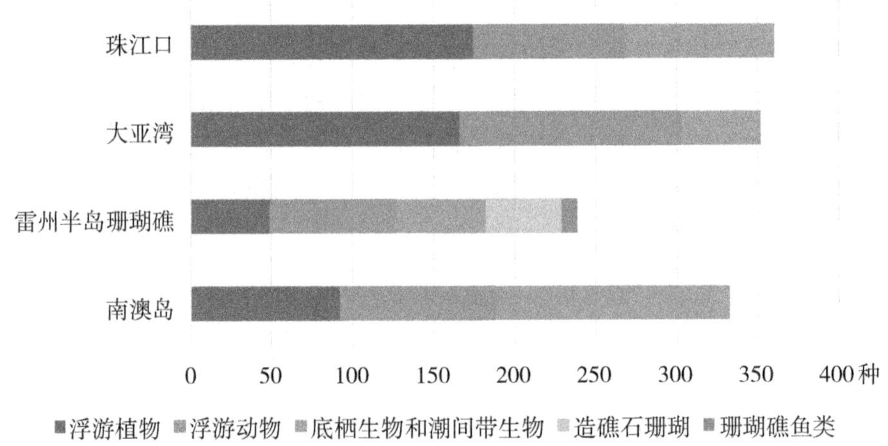

图3-3　广东省近岸海域海洋生物种类数①

（4）海洋生物医药产业发展稳中向好，并加快转型升级。通过天眼查企业信息平台，可大致统计出广东省内现有海洋生物制品业（含海洋生物医药、海洋保健品、海洋化妆品、海洋生物材料）企业260多家，其中61.5%

① 数据来源：广东省自然资源厅。

属于规模以上工业企业。海洋药物和生物制品业企业集中在珠三角，所占份额为71%，其中，深圳海洋药物和生物制品业企业最多，其次是广州。部分海洋生物医药创新成果技术在省内相关企业成功转化和推广。地区海洋药物及生物制品业企业占比，详见图3－4。

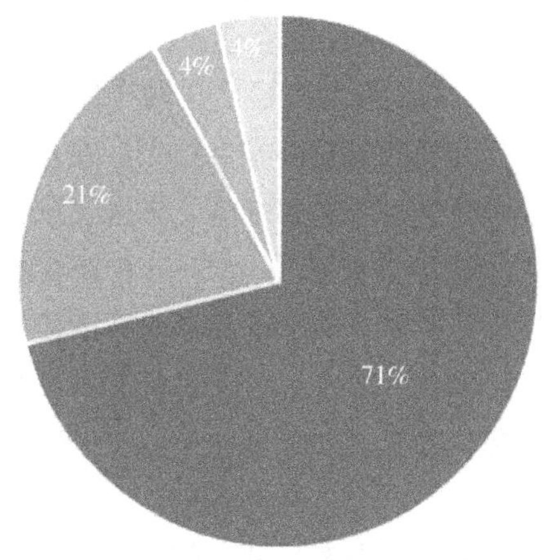

图3－4　地区海洋药物及生物制品业企业占比①

2. 存在问题

（1）产业链上下游合作较为紧密，但集聚效应不突出。在产业集聚方面，产业上下游企业之间的合作相对较为紧密，但产业集聚效应不突出，仅有少部分企业与上游供应商、下游经销商及同类企业在空间分布上较为集聚。

目前，广东省生物科技产业园区存在同质化问题，各地规划中重点发展的海洋生物产业差异性不明显。各地园区的产业重点扶持和招商引资政策的本质基本相同，不能切实解决不同规模海洋生物企业的现实困境，也就无法实现推动产业集聚的效果。园区间常常展开“价格战”，拼优惠力度、补贴幅度和人才引进政策等，吸引龙头企业入驻，并寄希望于龙头企业带动产业园区和地方产业的发展。然而，由于配套服务机制缺乏系统性，无法差异化地为龙头企业和中小企业提供其迫切需要的政策支撑，导致园区吸引力不足，低水平竞争和削弱区域产生集聚效果，进而影响到海洋生物产业集群整体培育路径。政府在对园区进行考核时，也很少基于园区的定位与发展导

① 数据来源：《广东海洋经济发展报告（2022）》。

向，更多以园区产值、税收贡献等指标为导向，缺乏对产业创新能力、服务能力、产城融合效果等指标的考量。

（2）企业融资需求较大，私营企业融资困难问题尤为突出。在企业投融资方面，仅有少部分企业投资完全依靠自有资金支持，企业融资方式较为单一，主要依靠银行借贷，大部分私营企业投融资较为困难。普遍存在融资门槛较高、贷款利率较高、贷款额度不足、金融产品种类较少等方面的问题。

（3）政府支持企业发展的覆盖面有待扩大。在企业政策诉求方面，企业仅大致了解政府部门对海洋生物产业的相关扶持政策，部分企业享受到政府部门对海洋生物产业的相关扶持政策；大部分企业希望政府能够帮助企业降低生产经营成本，也有企业希望政府能够帮助其搭建平台，解决招工方面的问题。当前，企业发展面临的突出问题有市场需求不足、人才供给不足、用人成本上升和原材料成本高等。

3. 发展趋势

（1）全球产业发展呈聚集态势。从空间分布上看，全球海洋生物产业发展呈现集聚态势，集中分布在美国、中国、日本、印度、新加坡和欧洲等国家和地区。海洋生物医药产业呈现明显的聚集发展态势，空间布局向点状、带状集中，形成了美国圣地亚哥海洋生物技术研究集聚区、挪威 Blue Legasea 海洋生物产业集群和日本近畿地区海洋生物产业集群等世界级海洋生物产业集群。

随着世界各国在海洋经济方面的合作更加紧密，亟须建立海洋综合管理方案。一方面，美国、日本、英国、法国、俄罗斯等国家分别推出了包括开发海洋微生物药物在内的“海洋生物技术计划”“海洋蓝宝石计划”“蓝色革命计划”“海洋生物开发计划”等国家级规划，同时以联合研究形式，在全球范围内倡导和开展大海洋概念的生物项目。另一方面，由于海洋资源和海域空间面临巨大压力，全球海洋开发利用亟须建立一套综合管理方案。很多国家和地区已开展海岸带综合管理、海洋空间规划和海洋保护区等空间规划和管理手段，制定海洋开发战略和政策，以加强专属海洋经济区的管理。根据经合组织（OECD）的统计和预测，全球已有约 50 个国家在实施不同形式的海洋空间规划，8 个国家批准实施海洋规划，2025 年这个数字将超过 25。

（2）国内需求和发展将快速提升。随着 21 世纪“蓝色经济”时代的到来以及海洋生物技术的发展，海洋生物产业作为我国海洋战略性新兴产业也得到了较快发展。目前，我国已经在山东、浙江、广东、福建、天津等省和地区形成了海洋生物产业集聚效应，山东青岛、烟台，浙江舟山等地在海洋医药与生物制品产业集群方面具有较为丰富的经验。从整体上看，我国的海洋生物产业与国外相比起步较晚，国内的海洋产业集群的专业化程度略低。在行业龙头的全球影响力、关键技术的创新力和产业链成本竞争力上仍然存在明显短板。广东拥有丰富的海洋生物资源，具有发展海洋生物医药产业的天然条件。在陆源药用资源几乎开发殆尽的情况下，海洋新药研发显示出巨大潜力。

随着我国综合国力的提升，城镇化、工业化进程的加快和人民生活水平、消费水平、消费层次的不断提高，国内市场对海洋生物产品的需求快速上升。一方面，人口的增长将给海洋经济提出新的需求，鱼类、贝类和其他海洋水产品的需求不断增长，也推动海洋生物育种与健康养殖技术的进步。同时，人口老龄化趋势也将继续刺激海洋医药和生物制品业的技术研究，推动新药品和新疗法的研发。另一方面，人口增长、城镇化率提高以及老龄化导致的沿海定居密集化会给海洋自然资源和生态系统造成更大的压力。

未来，随着国内市场对海洋生物制品的需求快速上升、国家和地方培育力度的加大以及技术探索的逐渐深入，我国海洋生物育种与健康养殖、海洋生物医药与功能制品业将实现快速发展，海洋生物产业市场空间巨大。

4. 对策建议

（1）制定专项政策，促进产业集群建设。广东省内区域发展不平衡、海洋资源配置不合理，造成海洋经济的地区差异大。现今在珠三角地区，以广州、深圳等海洋经济实力较强的城市为建设重点，已逐渐形成了一批海洋生物医药的优势企业。政府应依托其区域优势，着力将消费作为供给侧改革的牵引力，加快以增加产品种类、提升产品质量为目标的供给侧创新，优化海洋生物医药的产业结构。同时，促进珠三角地区产业园区的建设，鼓励技术创新，加快产业园区的扩容增质，促进产业链的延伸以及产业孵化集聚，扩大区域辐射效应，形成新的创新驱动力。此外，政府应制定帮扶政策，大力扶持粤东、粤西两地海洋生物医药产业的发展，引导和支持当地产业集群建设。

（2）重视科技人才培养与创新团队建设。海洋生物医药产业属于高新技术产业，在产业集群建设中应注重发挥人才的作用。人才是实现技术创新的基础，是提升技术水平的决定性力量。政府应建立和完善高层次人才引进政策，并科学配置、合理利用人才，特别是在关键技术的重大突破、重点项目的自主研发和高端成果的应用转化方面的高层次人才，造就一批有影响力、年龄和知识结构合理的海洋生物资源产业科技创新队伍，鼓励建立“大团队、大协作、大平台、大项目、大成果”的产业科技攻关高效运行模式。

（3）促进产业园区建设，提升产学研结合能力。蓝色生物医药产业园区的建设为产业集群的发展提供载体，以地方海洋生物医药产业规划为指导，建立蓝色生物医药产业园，以促进生物技术产业化与集聚发展，已成为其发展的主要模式。政府应设立正式文件，大力推进蓝色生物医药产业园区的建设，给予园区内企业及科研机构一定的税收优惠，鼓励海洋生物医药相关产业的企业以及科研单位向产业园区聚集，同时利于与高校交流联系，打造产学研合作平台，提升产学研结合能力。珠三角地区作为核心区域，是广东省经济最发达的地区，应抓住机遇大力发展海洋生物医药等相关高新技术产业，建设高新产业园聚集区。同时，粤东和粤西地区也应积极打造海洋高新技术产业集群，推进海洋经济建设，并加强与珠三角地区相关产业园区的对接，促进广东省具有地域特色的蓝色生物产业的建设。

（4）培育龙头企业，发挥引领集聚作用。龙头企业竞争力强，拥有较大的市场份额，且空间发展能力强，具备带动产业的集群发展能力。同时，龙头企业拥有较好的科研基础，发展资金充足，其自身影响力的发挥能够带动区域内中小型企业的发展。因此，在海洋生物产业中，坚持“抓龙头，带发展”理念，不断加大政策引导和扶持力度，以资本运营和优势品牌为纽带，通过联系帮扶、贴息贷款、组织外出考察等方式，营造良好的投资发展环境，扶持龙头企业发展壮大，以进一步带动地区产业及追随型企业发展。

（五）天然气水合物产业发展情况及机遇分析

我国四个海区中，天然气水合物勘探开采方面进展突出的主要为南海海域，尤其是珠江口盆地，相关的承担单位主要在广东省，广东省企业将最有希望优先享受天然气水合物商业化开采后产业链上中下游带来的巨大利好。目前，广东省在天然气水合物产业发展方面已取得多方面进展和成就。

1. 现状概括

2021年，广东省海洋天然气产量为132.5亿立方米，同比增长0.7%；海洋原油产量为1744.7万吨，同比增长8.2%。① 省级促进经济高质量发展（海洋战略性新兴产业、海洋公共服务）专项资金重点支持了天然气水合物产业4个项目，耗资4000万元，涉及天然气水合物开采专用装备制造和全开发工程技术研究等领域。2021年，已验收的专利申请达65项，软件著作权授权1项。②

（1）逐步从探索性试采阶段迈向试验性试采阶段。2017年，我国海域天然气水合物第一轮试采完成了探索性试采，解决了“能否安全、连续开采出来”的问题。2020年，完成了第二轮试验性试采，解决了“如何提高产气规模”的问题，这是天然气水合物产业化进程中极为关键的一步。自然资源部、广东省政府、中国石油天然气集团公司在北京签署推进南海神狐海域天然气水合物勘查开采先导试验区建设战略合作协议，明确了联合建立南海神狐海域天然气水合物勘查开采先导试验区，加快推进天然气水合物勘查开采产业化进程。2021年，初步预测南海天然气水合物资源规模达744亿吨油当量。初步判识确定了两大天然气水合物成藏富集带和三大水合物富集区，取得了该区天然气水合物勘查的阶段性重大成果。国产自主天然气水合物钻探和测井技术装备海试任务完成海试作业，自主研制出国际首套有效体积2585升、最大模拟海深3000米的大尺度全尺寸开采井天然气水合物三维综合试验开采系统。

（2）科技团队合作紧密，为产业发展提供人才保障。目前，广东省天然气水合物重大科研平台主要有广州海洋地质调查局天然气水合物工程技术中心、中科院广州能源所、中科院南海所、中科院广州地化所、中山大学、华南理工大学、南方海洋科学与工程广东省实验室等。2019年起，南方海洋科学与工程广东省实验室于广州、珠海、湛江相继揭牌，逐步形成科技资源合作共享合力。

天然气水合物试采团队经过近三年的集中攻关，掌握了以水平井为核心的32项关键技术，自主研发了12项核心装备，其中控制井口稳定的装置吸

---

① 数据来源：国家统计局。

② 数据来源：《广东省海洋经济发展报告（2022）》。

力锚打破了国外垄断，为推进天然气水合物产业化提供了有力保障。① 而且还可在海洋资源开发、涉海工程建设等领域中广泛应用，将带动形成新的深海技术装备产业链，增强我国“深海进入、深海探测、深海开发”能力。试采成功进一步促进了我国天然气水合物科技团队建设，形成了以中国地质调查局广州海洋地质调查局为核心层，中国地质科学院勘探技术研究所、中国地质调查局油气调查中心等中国地质调查局直属单位为紧密层，中国石油海洋工程公司、北京大学、中集集团等 70 余家单位为协作层的科技攻关团队，为天然气水合物产业发展提供人才保障。

（3）多项技术获重大突破。2021 年，广东省建成了功能齐全的国土资源部标准化水合物重点实验室，拥有 170 平方米的水合物低温物性实验室（最低温度 -5℃），配备显微激光拉曼光谱、固体核磁共振等大型分析测试仪器，研制了多套水合物模拟实验装置，开发了多种实验技术，可以进行水合物地球物理、地球化学及微观动力学等多方面的实验研究。测试分析与实验模拟研究水平持续保持国际一流。

广东省自主研制了一批与水合物勘查及取样相关的达到国际先进水平的高新技术装备。例如，参与自主研制了我国第一台 4500 米作业级无人遥控潜水器（ROV），突破了潜水器自动控制、深海液压单元、大深度浮力新型材料等重大关键核心技术，国产化率超过 90%，具有运载能力大、扩展功能强、作业风险低、操作简便等技术优势。自主研制的海洋可控源电磁（CSEM）探测技术体系已基本形成，在多次海试中获得了成功，目前已应用于水合物勘查工作。自主研制的 3000 米级海底深拖系统，可获取精细的海底泥质的地形地貌，成功应用于海底活动性“冷泉”的发现。

2. 存在问题

广东省在推动天然气水合物产业化发展方面虽取得了一定成效，但仍然存在诸多问题。

（1）独立的天然气水合物发展规划缺失。我国相继制定发布《页岩气发展规划（2011—2015 年）》《页岩气发展规划（2016—2020 年）》，这对于页岩气发展具有重要的推动作用。我国天然气水合物专项侧重于资源调查评价和试采，尚缺乏专门针对天然气水合物的独立、综合、中长期的发展战略规划，这将影响到我国天然气水合物产业的系统部署和长远发展。

---

① 数据来源：《广东省海洋经济发展报告（2022）》。

尽管在全球海域包括我国的南海北部陆坡海域已钻获天然气水合物实物样品，但由于海洋基础地质调查工作程度不均，海域天然气水合物成矿地质理论研究相对滞后，特别是海域深水区独特的地质条件与多类型的水合物形成机理、成矿机制及成藏规律等研究欠缺，这些科学问题将直接影响对水合物资源潜力的科学评价及成矿区的有效预测。

（2）税收价格、金融等扶持政策尚未明确。天然气水合物与页岩气类似，开发初期的投入高，产出的周期长，投资回报比较慢，其产业化需要有相关的扶持鼓励政策。2012 年，我国财政部、国家能源局出台政策规定：2012—2015 年中央财政按 0.4 元/立方米标准对页岩气开采企业给予补贴；2015 年，两部门明确“十三五”期间的中央财政补贴标准调整为前三年 0.3 元/立方米、后两年 0.2 元/立方米。该政策虽存在条件过严、手续繁杂、缺乏对勘查阶段的扶持等不足和争议，但对页岩气的开采发展起到了一定的推动作用。我国天然气水合物产业发展的税收、价格、金融等扶持政策目前基本属于空白，需要进一步研究制定。

（3）多元化投入机制尚未形成。就重要的天然气水合物科研实验室（平台中心）而言，2015 年 5 月，世界上首个“海洋非成岩天然气水合物固态流化开采实验室”在西南石油大学揭牌成立。2016 年 6 月，中国地质调查局广州海洋地质调查局成立天然气水合物工程技术中心。2017 年 12 月，科技部批准以中海油研究总院为依托单位建设“天然气水合物国家重点实验室”。2019 年 2 月，中国石油首个天然气水合物实验平台（成藏子平台）建成投入使用。

就天然气水合物专利的申请机构而言，据统计，天然气水合物中国专利申请量排名前十的申请人包括 2 家研究机构、7 所大学、1 家国有企业。专利申请单位以高校和研究机构为主，涉足该领域研发的企业甚少。一方面，与天然气水合物领域尚处于基础研究、尚未实现商业化的发展阶段相一致；另一方面，天然气水合物作为一种新型能源，其勘探、开采等技术研发成本极为高昂，且周期长、风险大，一般企业很难承担相关研发的人力、设备、经费支持，因此，很少见一般企业涉足天然气水合物领域进行研发和布局专利。

（4）尚未形成完整的产业链。我国天然气水合物尚未实现商业化开采，所以没有形成完整的产业链，目前仅限于上游勘探开采工作。

学者对我国自 1997 年至 2018 年 2 月的天然气水合物发明专利和实用新型专利进行分析，我国相关专利技术的分布领域为：钻进与开采（39%）占比最高，且多为模拟实验开采方法与装置；理化性能（29%）和合成制备（14%）相对较多；后端的储运（4%）和前端的勘探技术（3%）相对较少；其他为11%。该数据反映了我国前期以基础物性研究、实验室模拟开采技术为主。掌握商业化开采的关键核心技术和装备极其重要，我国目前的研究相对不足，尚需加大研究力度。天然气水合物中国专利技术主题分布，详见图3－5。

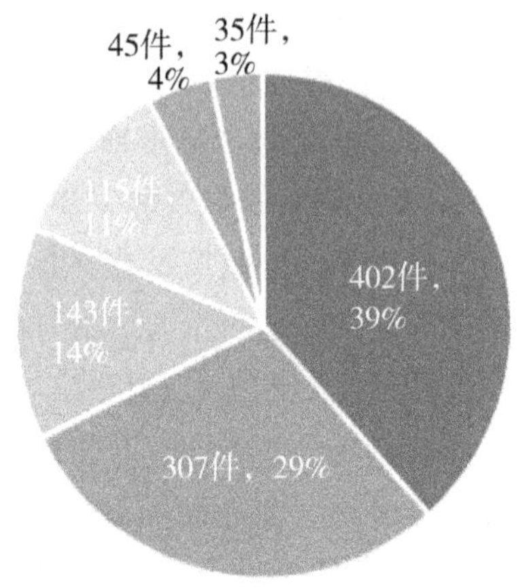

图3－5　1997—2018年，中国天然气水合物专利技术分布领域

来源：广东省海洋发展规划研究中心。

3. 发展趋势

（1）发展瓶颈。目前，天然气水合物的产业化必须解决两大问题：一是破解开采安全与环境风险之忧，二是破解开采成本高昂之困。

1）安全风险。安全风险最主要来源于地质坍塌滑坡。天然气水合物的形成是一个“水合物—溶液—气体”三相平衡变化的过程，稳定性较弱。天然气水合物开发过程中发生相变，从而引发地质灾害。在天然气水合物开发过程中，天然气水合物的分解导致天然气水合物层底部出现剪切强度降低的薄弱区域，进而发生大片的水合物滑坡，并可能带动海平面升降、地震及海啸等地质灾害。在海域开采天然气水合物如果发生海底地质坍塌滑坡，将对井架等设备以及工作人员的安全造成巨大的威胁，还有可能破坏沿海海岸带地区的基础设施，并可能诱发海啸，风险和后果难以控制。

2）环境风险。天然气水合物是地圈浅部一个不稳定的碳库，开采不当将可能发生甲烷泄漏释放：一种情形是发生地质坍塌滑坡，地质坍塌滑坡将导致前文述及的安全风险，以及甲烷大量泄漏释放的环境风险；另一种情形是即使不发生地质坍塌滑坡，也极有可能发生甲烷泄漏释放。而甲烷的温室气体效应大约为二氧化碳的 10～20 倍，甲烷大量泄漏释放将进一步加剧海洋酸化、海洋缺氧，威胁海洋生态环境，甚至导致大规模的物种灭绝。海水中甲烷的微生物氧化作用大量消耗海水中的氧气，危害海洋微生物的生长发育。同时，海底天然气水合物开发过程中对天然气水合物稳定存在的温度和压力条件的人为改变，促使天然气水合物发生分解来产出天然气，开发技术中的降压法、注热法和化学试剂法均需要使用一些具有毒性的化学试剂，影响附近水生物的生活环境。甲烷大量泄漏释放也将进一步加剧全球气候变暖，影响全球碳循环，导致海平面上升等问题。全球水合物中的甲烷量远高于大气中甲烷总量，只需水合物甲烷总量的 0.5% 释放到大气中，就足以加速全球气候变暖。

3）开采成本高昂。天然气水合物的开采环境复杂多变，需要巨大的投资和技术支持。一是钻井成本。考虑到天然气水合物藏和传统油气藏在成藏位置、地质条件以及介质属性等方面的差异，应该设计专门针对水合物藏的钻共作业体系。传统油气钻井作业中，往往会使用诸如大型的钻井作业船、钻井作业机、高密度防水管以及防喷器等技术水平高、应用成本大的设备。① 二是技术成本。天然气水合物分解过程是集解析、相变、传热、渗流和多相流为一体的复杂耦合过程，目前采用的降压、注热、注剂、CO 置换等试采方法，大多还是借鉴常规油气开发技术。② 这些常规油气开发技术无法完全移植到水合物开发利用上，目前的主流技术是水合物分解技术和直接利用技术，但这些技术仍存在一些缺陷，如能量消耗大、环境影响大等，因此，天然气水合物产业化发展需致力于改进和创新这些技术。③ 三是装备成本。水合物试采目前基本上都依赖于现有的油气田开发装备，要实现水合物规模开发，不仅需要前者，而且还需要开发专门针对水合物的装备。开发专门装备

---

① 参见李清平、周守为、赵佳飞、宋永臣、朱军龙《天然气水合物开采技术研究现状与展望》，载《中国工程科学》2022 年第 3 期，第 214～224 页。

② 参见庞维新、李清平、周守为《天然气水合物开发研究现状和发展战略分析》，载《国际石油经济》2022 年第 12 期，第 33～41 页。

③ 参见杜家满、赵永刚、王晗、申荣荣、阴旭航《天然气水合物开采与利用技术的发展——深海油气勘探的新方向》，载《中国资源综合利用》2023 年第 8 期，第 86～89 页。

时需要考虑：水合物分解后出砂严重，要设计适度防砂工艺和装备，同时要进行出砂冲蚀磨损的监测和防护；水合物分解后会产生大量的水，导致举升困难，需要有针对性地设计井下分离和举升工艺与设备；水合物大多数都在深水浅层区，需要提高浅层水平井的工艺和配套钻井工具；采用多气源合采工艺后，离不开与油气田并网生产，需要设计与油气田适配的接口和装备。①

（2）产业预测。加快实现天然气水合物产业化是改变全球能源供需格局、保障我国能源安全的重要选择。《世界能源发展报告（2018）》指出，全球能源正在向高效、清洁、多元化的特征方向加速转型推进，全球能源供需格局正进入深刻调整的阶段。

我国天然气水合物勘探开发工作进入新的发展阶段，先后于 2017 年、2020 年在广东省神狐海域天然气水合物两次试采成功，创造了持续产气时长、产气总量两项世界纪录，实现了天然气水合物勘查开发理论、技术、工程、装备的自主创新，多个领域实现了从跟跑到领跑的转变，抢占了全球天然气水合物科技创新制高点，有可能成为继美国引领“页岩气革命”之后，引领“天然气水合物革命”的国家，由此大大加剧了国际天然气水合物勘探开发竞争态势。

世界各国纷纷制订了天然气水合物勘探试采研究计划。其中，日本在新一期海洋能源矿产资源开发计划中拟定了 2022 年前开展海上试验，2027 年正式商业开采的战略目标；美国、日本于 2019 年 1 月联合在阿拉斯加冻土带实施监测井钻探；印度也启动了天然气水合物试采计划。同时，全球学术界也加大了对天然气水合物勘查试采技术的研究力度。

目前，我国乃至全球都尚未进行商业化大规模开采，主要是进行勘探研究、资源量评价、开采环境风险评价、开采经济性评价、试采，以及相关技术设备的研发等。商业化大规模开采后，受益的包括上游的勘探开采以及相关的配套机械设备和服务商，中游的长输管道运输、液化天然气 LNG 运输等，以及下游终端的交通、冶金、电力等能源市场。对于解决广东以及全国的能源短缺问题、改善大气环境质量、降低能源价格以及降低相关产业成本具有重要意义。

---

① 参见周守为、李清平、朱军龙、庞维新、何玉发《中国南海天然气水合物开发面临的挑战与思考》，载《天然气工业》2023 年第 11 期，第 152～163 页。

4. 对策建议

（1）加强组织领导，争取南海天然气水合物勘探开发主动。一是加强组织领导。把布局天然气水合物开发、着眼南海合作与综合开发、建设全球海洋能源资源开发与利用创新示范区、助力粤港澳大湾区建设等目标作为重点工作，强化广东省海洋工作领导小组职能，加强组织协调，完善工作机制，形成“齐抓共管、整体推进”的工作格局。二是争取南海天然气水合物勘探开发主动权。我国天然气水合物试采技术已取得重大突破，且资源总量巨大，有必要提早布局，持续推进下一阶段试采、试验性生产、商业化开采的进程。

（2）制订产业发展规划，建设先导试验示范样本。一是制订产业发展规划。试采成功到商业开采面临众多技术上的挑战，要实现商业开采必须做好产业发展规划。二是建设先导试验示范样本。支持建设天然气水合物勘查开采先导试验区。积极落实各项产业政策，在用地用海、财政资金、配套条件等方面提供支持，全方位支持天然气水合物勘查开采先导试验区建设。逐步建成海域天然气水合物开发示范船队。着眼完善产业链需求，支持成立涵盖天然气水合物勘探、勘察、钻采、开发、储运、支持服务等环节的工程公司，通过改造现有装备、设计建造专用船舶等手段，逐步建成与资源开发规划及产能相匹配的示范船队，承担南海天然气水合物开发任务，提升广东省在相关领域的龙头地位和主导作用。三是启动一批基地、园区建设。围绕天然气水合物开发技术、装备、配套产品，启动总部基地、支持服务基地、科研园区、集成配套基地、总装基地的基础设施建设，形成以粤港澳大湾区为产业中轴、广州和深圳为产业引领的核心城市，粤东和粤西发展制造与配套产业的“一轴、双核、两翼”产业布局。

（3）健全法律法规，完善建立市场准入制度。一是健全法律法规。尽快研究制定勘查开发相关的法律法规，与现行的《中华人民共和国矿产资源法》《中华人民共和国海洋法》《中华人民共和国物权法》等法律法规相衔接，明确天然气水合物资源探矿权人、采矿权人和其他利益相关方的权利、义务、责任和行为规范，应以法律手段为主解决勘查、开采、运输等过程中出现的资源利用和环境保护等问题。另外，健全勘查开发技术规范。组织力量全面研究涵盖陆域和海域天然气水合物勘查、开采、运输等行业技术的规范与标准。二是完善建立市场准入制度。探索制定天然气水合物资源勘查开发市场准入和矿业权管理制度，明确准入方式、准入主体、准入规则，以及退出和矿业权流转机制。研究民营资本、中央和地方国有资本等以独资、参股、合作、提供专业服务等方式，参与投资开发天然气水合物资源的具体办法。

（4）完善扶持政策，培育资源开发与装备支持主体。一是设立专项基金并完善扶持政策。将天然气水合物开发纳入战略新兴产业目录，会同有关部门在税收优惠、价格补贴等方面制定出台扶持政策，提升企业积极性，鼓励和引导企业有序进入天然气水合物勘查开发领域。充分调动中央与地方、政府与社会的金融资源，设立千亿级天然气水合物及海洋工程产业发展基金，加大力度扶持产业链各环节及配套产业发展，服务和保障国家重大战略。充分利用广东省各类发展专项资金，支持天然气水合物核心技术攻关、创新能力提升、产业链关键环节培育、产业化项目建设等，同时争取国家级重点支持项目立项。二是培育资源开发与装备支持主体研究。制定引导和扶持政策，推动中国石油集团公司将全球海洋业务总部落户广东，以天然气水合物为核心的海上新能源开发为突破，同时向其他海洋能源和资源开发延伸。全面推进央地战略合作，在广东省打造面向南海的世界级海洋资源开发领军企业，拉动广东省海洋工程装备及配套产业，为广东省壮大海洋经济、落实“一带一路”国家战略提供支撑。

（5）占领制高点，突破天然气水合物产业链关键技术。一是创建一批研发平台占领制高点。创建国家级基础研究平台。依托广东省现有研发基础形成合力，组织开展相关领域基础研究、技术研发和装备开发，吸引全国乃至全球相关技术和资源向广东聚集，从而占领全球天然气水合物理论水平、开发技术与关键装备的制高点。同时，以天然气水合物开发为牵引，着眼海洋油气、海洋生物、海洋大数据等南海综合开发，推动广东省在海洋科技领域实现跨越式发展。二是建设国家级工程技术平台。依托广州海洋地质调查局、中石油集团、中集集团等单位，围绕天然气水合物机理、工艺、安全、核心装备等重点领域，鼓励支持工程技术中心和试验基地建设，形成技术研发综合网络，推动产业链各环节的技术突破，提升天然气水合物开发能力。三是推进国家级创新中心建设。支持以中集集团为代表的广东海洋工程骨干企业牵头，在广东省建设“中国制造 2025”战略重点规划的“产学研用”协同创新载体——“国家智能海洋工程制造业创新中心”，面向行业、服务社会，通过政策拉动，吸引国内国际优势资源参与，组织开展海洋工程领域的关键共性技术研发、成果转化和产业化推广，实现创新载体逐渐从单个企业向跨领域、多主体协同的创新网络转变，从而确立广东省在高端海洋工程装备制造领域的领先地位。四是建设南海环境监测中心。着眼南海资源开发利用全产业链，建设南海海洋环境监测数据中心，搭建海域全空间多维立体综合监测网，对海洋生态、环境状态等提供及时有效的数据支持，提升环境监测技术水平，强化政府监管力度。

（六）海洋公共服务产业发展情况及机遇分析

广东涉海领域咨政建言渠道体系愈加完善，智库机构的产品影响力在国内不断提升，“全球海洋中心城市”概念提出、“一带一路”倡议与“周边命运共同体”、南海沿岸国合作机制的构建等岛国智库策论研究报告均为国家海洋事业发展发挥了重要作用。

1. 现状概括

在大环境政策引导下，广东海洋公共服务业取得了一系列成果。在基础性服务类海洋公共服务方面，海洋发展顶层规划设计稳步开展，海洋监测评估系统不断完善，海洋防灾减灾能力显著提升，海洋大数据信息服务不断推进。在生产性服务类海洋公共服务方面，海洋经济金融融合政策有序推进，海洋战略研究平台逐步建立，海洋海事法律服务能力提升。在消费性服务类海洋公共服务方面，涉海专业人才培养步伐加快，海洋文化建设积极开展。广东省海洋公共服务业重点领域和重点内容，详见表3－7。

2021年，省级促进经济高质量发展专项（海洋经济发展）资金重点支持了海洋公共服务产业4个项目，耗资1600万元，涉及海洋空间资源承载能力、海洋生态和海域海岸带修复、海洋灾害预防和治理、海洋立体观测网等领域。2021年已验收的申请专利有33项、软件著作权授权有20项。①

① 数据来源：《广东省海洋经济发展报告（2021）》。

表 3－7　广东海洋公共服务业重点领域和重点内容

类别	重点领域	重点内容
基础性服务类	海洋监测评估系统	研发建设“水下 WiFi”网络、水下定位导航卫星网
		初步设立自主海上浮标观测网
		建成海洋观测站点 27 个
		打造“海、陆、天”三位一体的海洋立体观测网
		2018 年建设 4 个近海海洋水文气象浮标、4 个岸基观测站
		水下多源融合导航定位系统面向军民融合战略需求
		水下多源融合声呐探测系统
	海洋防灾减灾服务	2018 年上半年完成加固达标堤长 672 千米
		构建海洋观测预报与防灾减灾体系
		《广东省海洋观测网规划（2016—2020）》
		《2018 年广东海平面变化影响调查评估工作报告》
		在全省开展减灾试点工作
		《全国海堤建设方案》
		建成大亚湾全国海洋综合减灾示范区
		建成广东海洋卫星数据应用中心
		财政支持渔港抢险维护与海洋渔业救灾复产资金
		支持广东海洋气象灾害防御气象保障工程
	海洋大数据信息服务	搭建海洋大数据云平台
		大型港口应用应急指挥信息管理系统
		建设海洋卫星遥感广东数据应用中心
		广东海上风电大数据中心投入运营
		中兴通讯海洋大数据系统
		广东邦鑫海洋数据综合管理平台
		广东华风海洋信息系统服务

续表 3－7

类别	重点领域	重点内容
生产性服务类	海洋经济金融融合	提出发展海洋金融，推出海洋领域政策性保险
		截至 2018 年年底，国家开发银行广东省分行共支持广东海洋经济累计投放资金逾 500 亿元
		中国进出口银行广东省分行船舶工业贷款余额 19.34 亿元
		中国农业发展银行广东省分行全年累计投放海洋经济资金 5.39 亿元
		交通银行广东省分行等银行业金融机构提高涉海授信审批效率
	海洋战略研究平台	广东省社会科学院等智库机构
		中山大学、深圳大学海洋研究中心、广东省海洋规划发展研究中心等涉海高校和科研院所
		广东省海洋遥感重点实验室等重大研究平台
		涉海领域咨政建言渠道体系愈加完善
	海洋海事法律服务	广东海事局依据《中华人民共和国海上交通安全法》等法规赋予的职权，负责广东水上安全监督、防止船舶污染、船舶和水上设施检验管理、航海保障行政管理等工作
		2019 年，广州海事法院上诉案件同比减少 26 件，船舶网拍覆盖率达到 100%，公正审理涉外、涉“一带一路”国家案件，依法审理涉港口建设等海事纠纷涉案标的额 1.4 亿元
消费性服务类	海洋科研人才培养	海洋学科建设
		广东海洋创新联盟共享 150 多项科研资源库
		形成以企业为主体，产学研紧密结合的海洋科技创新体系
		2018 年广东海洋创新联盟专家智库启动首次海上联合科考
		建设中国（珠海）海洋功能性食品创新研发中心
	海洋文化建设	一大批海洋文化专业和海洋文化研究机构建立
		与国内外海洋文化研究机构进行交流与合作
		召开海洋文化研讨会
		出版海洋文化方面的文集和专著
		发展海洋旅游业，召开海洋文化博览会
		举行海洋日宣传活动

（1）产业支撑能力不断提升。

1）预警监测体系建设不断完善。近年来，广东海洋公共服务业支持海洋经济发展的作用显著增强，研发建设“水下 WiFi”网络、水下定位导航卫星网，初步设立自主海上浮标观测网，建成海洋观测站点 27 个，打造“海、陆、天”三位一体的海洋立体观测网；率先开展海洋观测站点建设的审批工作，标志着广东海洋观测管理工作步入法治和规范轨道。建成网河区风暴潮精细化预报系统，通过自主研发的风暴潮智能监测设备组网，结合 AI 图像识别、数值模拟和大数据信息技术，实现风暴潮灾害全时预警和精细化预报。

2）信息化公共服务能力不断加强。基于“海、陆、空、天”四位一体的海洋物联网感知监测体系，广东搭建了空中无人机和海洋卫星遥感、海面船舶调查、海洋潜标、海底原位监测大数据云平台，基于海洋大数据的应急指挥信息管理系统，已在广东各大型港口应用。部分企业开发设计的海洋数据综合管理平台，将海洋立体感知系统、海洋数据标准和海洋业务分析模型有机地融合为海洋数据资源整合平台，实现统一的数据管理和可视化的业务模型。

（2）智能化体系建设不断强化。

1）智慧海洋产业集群发展势头正劲。形成基础数据采集、数据实时更新、数据处理与挖掘、数据深化分析与应用为闭环的海洋大数据产业链，推动智慧港口、智慧海事、智慧渔港发展。港口运营维护大数据综合管理平台、港口危险源实时监测与安全预警、港口资源管理、智能引航调度、桥梁防撞与位移监测等企业技术和产品的应用，推进港口运营维护更安全、高效；推动海岸带信息化管理建设，包括海上船舶位置数据、海水水质监测数据、海洋实时监控图像查看、海港三维模型显示等海洋大数据管理。

2）数字经济和海洋产业加速融合。多功能无人机研发加速推进，以应用于非法捕捞监控，提升海上巡逻效率。南沙港区四期工程启动建设全自动化码头和全国 5G 应用示范工程。广东省海上风电大数据中心入选 2020 年大数据产业发展试点示范项目。中国海洋经济博览会、广东国际旅游产业博览会采用“线上 + 线下”的办展新方式，推出多项“云参展”“云推介”“云观展”活动。

（3）广东海洋公共服务业重点领域分布。

广东省第一次全国海洋经济调查显示，全省海洋经济活动高度集中于珠三角地区，全省涉海法人单位位于该区域的比例高达80%。广东海洋经济布局主要以珠三角地区为中心，辐射带动粤东、粤西经济发展，打造两翼新增长极，联动沿海临近省区，形成粤港澳大湾区、环北部湾经济圈和粤闽台经济圈的三大经济科技引擎，将海洋核心科技推广布局，引领和激活区域经济发展活力。广东海洋公共服务企业区域分布，详见图3-6。

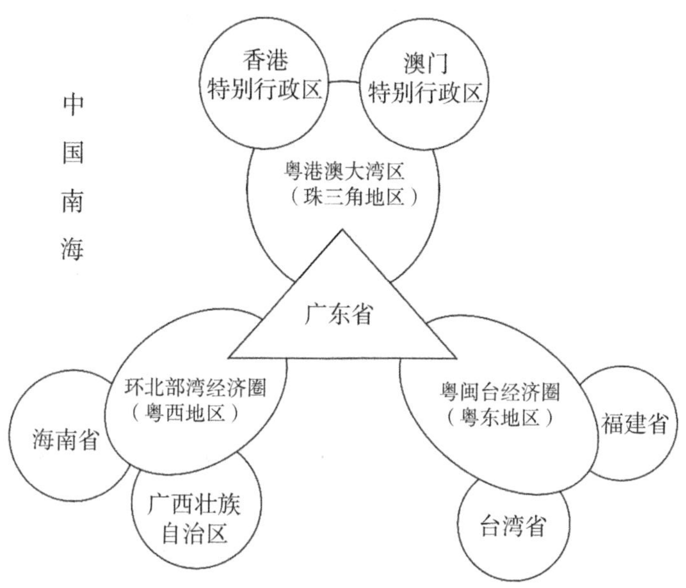

图3-6 广东海洋公共服务企业区域分布

广东海洋公共服务战略性新兴科技产业主要包括现代海洋服务业，如海洋信息服务产业、海洋大数据服务业、海洋5G网络商用服务业、海洋“互联网+”服务业、仓储物流服务业、海洋科技孵化与创新服务业、海洋知识产权交易服务业等。目前，广东海洋公共服务战略性新兴科技产业布局在沿海各市，包括广州南沙物流园区、深圳盐田港国际物流园区、惠州港物流园区、湛江港物流园区和深圳前海深港现代服务业合作区。产业经营主体包括各涉海高等院校、科研院所和涉海企业等，发展规模壮大，国际化程度较高，其中海洋5G商用网络不断落实部署，海洋“互联网+”服务系统进一步完善，海洋科技孵化器获得显著成就。

2. 存在问题

（1）海洋公共服务产业化进程较慢。

1）海洋公共服务供给主体趋于单一。广东海洋公共服务产品的生产与供给大多由政府统筹规划，既是生产者，也是提供者。以政府主导为主，集中人力、物力、财力进行规划部署和建设，然后采取事业单位管理的经营模式，从而赋予了政府不可推卸的责任。但政府的“有限性”以及政府活动成本与收益的分离，可能使政府在海洋管理领域陷入低效状态。在提供海洋公共产品的过程中，政府投入资源较多，但产出与高成本不相符。在不断发展壮大的海洋经济产业和社会事业中，政府会表现得愈加力不从心。

2）市场化程度较低。完全由政府主导的供给模式存在诸多问题，限制了具有支持型产业属性的海洋公共服务业的产品及服务的市场空间，客观上也影响了海洋公共服务的产业化发展。因为由政府设立的行政性事业单位来负责供给，带来了垄断的经营形式，从而排斥市场竞争，导致产业的市场规模和经济份额相对较小，造成不公平以及成果转化率和产业化率低下的局面。同时也无法给具有相应资质、能力的企业提供更多的市场机会，企业难以做大做强，形成规模化、产业化发展。

当前，广东海洋公共服务领域的高质量特色品牌数量不多，海洋公共产品产出低效，未能在环南海经济圈等国际海洋领域体现品牌价值。广东海洋公共服务产品的供给主体虽逐步走向多元化，但绝大部分供给主体都需要政府公共财政的大力支持，才能完成相关计划目标。总之，涉海企业对政府公共财政的依存度越高，其完全市场化竞争能力就越弱，也使广东海洋公共服务产业的整体市场化程度比较低。

（2）广东海洋公共服务产业发展缓慢，未形成规模。

目前，广东传统海洋产业占有较大的比重，作为新兴海洋公共服务类产业的公共安全保障、基础设施类海洋公共服务、经济服务类海洋公共服务、社会服务等高新技术产业产值较低，发展缓慢。广东海洋公共服务产业未形成规模，许多领域仍处于空白，缺乏龙头企业和名牌产品带动。广东省的优势涉海产业和高新技术尚未对海洋公共服务业形成有效的召集效应。这些优势产业可以利用相对完善的技术、人才和制度，通过垂直整合或水平整合，召集带动海洋公共服务产业发展，最终形成覆盖相关产业的服务链条。但现状是这些优势产业未能与海洋领域较好地融合，难以发挥应有的召集带动作用，导致广东海洋公共服务产业在技术创新、产业集聚和产业链形成等方面落后于其他沿海地区。

（3）广东海洋公共服务科技水平不高。

广东海洋公共服务业的设施水平不高，海洋科研和服务项目开发资金不足，支撑产业升级的科技力量薄弱。一是核心科技制约问题较为突出，海洋观测基础设施建设和海洋灾害预报还处于起步阶段；海洋环境监测能力还需进一步优化提升；重点海堤、水深地形、承灾体调查和海洋灾害风险区划等调查工作滞后；海洋信息化建设起步较晚，智慧海洋建设进度较慢；尚未建立开放的众创平台，跨部门、跨产业融合应用效益尚未充分发挥。二是复合型人才相对缺乏。海洋战略人才不足，现有的海洋人才体系无法为海洋高端公共服务业的快速发展提供有力支撑。海洋法学、海洋经济学等海洋人文社会科学领域的专家、教授匮乏。

（4）广东海洋公共服务国际合作交流存在不足。

目前，广东海洋经济发展主要依托国内市场和国内资源，在利用国际海洋市场和资源方面存在不足，海洋公共服务业“走出去”面临国际化产业链参与度不高和交流平台不足等约束，对国际海洋高端服务依赖程度高，国际化专业人才匮乏。在促进国际产能合作和融入21世纪海上丝绸之路建设方面，步伐不够大、不够快，支持力度有待加强。同时，广东缺乏成熟的、具有较强影响力的国际化海洋城市，在全球海洋治理中缺乏制度规则和标准的话语权。

3. 发展趋势

（1）广东海洋公共服务业发展环境。

目前，全球经济正持续恢复，但受到疫情反复、通胀预期快速提高等因素的干扰，世界经济复苏呈现不稳定、不平衡的特征。除中国外，全球经济复苏的关键节点是美国的经济复苏和政策调整。美国市场需求覆盖极广，比如来自美国的下游需求就能带动中国中游工业部门的复苏，进而带动全球资源的上游需求增长。单一的经济复苏关键节点使全球经济复苏变得更加不稳定。疫情期间，世界各主要经济体实行禁航禁运防控措施，导致大多数国家无法有效出口，欧美等国无法有效进口，而其他经济体为了应对疫情也相继推出贸易限制政策。在此全球经济环境、国际贸易情况下，国际海洋公共服务业的发展也是举步维艰，尤其是基础类和经济服务类海洋公共服务以及海洋国际交流服务。

随着我国进入高质量发展阶段，经济发展进入新常态，人民生活水平日益提高，与此同时也凸显出了当下科技创新供给不足、高端人才缺乏等创新能力与高质量发展要求不相适应的矛盾，这也标志着我国需要与之相适应的创新工作来开启新的征程。在更加注重于发展的质量和效益的当下，就要求各类行业应当更加专业、专精、与时俱进，对标国际高标准。海洋公共服务业需要稳步发展，为国民提供更加优质的服务、更加精准的数据信息以及创造更高的商业价值。在进入新时期以来，各类风险隐患、紧急突发事件频发，特别是在此次疫情中，更是凸显了科技的重要性。

（2）广东海洋公共服务业发展趋势。

1）海洋公共服务供给向市场化发展。海洋公共服务以服务型政府为出发点，充分发挥行业自治和公众参与的力量，提供市场化海洋公共服务。在构建海洋公共服务供给体系的过程中，政府要对海洋公共服务领域进行市场化改革，发挥市场的作用。未来广东将以“有管理的市场化”来创新优化海洋公共服务的供给方式，在坚持海洋公共服务“公共性”的基础上，积极探索政府购买海洋公共服务。一是打破海洋行政性体制安排和行业垄断，引入市场竞争机制，通过政府购买服务、招投标等市场机制运作的方式，吸引多种性质组织共同参与海洋公共服务，实现政府与市场的互动。二是加强市场机制与社会组织之间的互动合作，利用社会组织有效弥补企业在海洋开发利用过程中的局限和不足，实现社会组织对涉海企业的外部制约。

2）海洋技术成果转化服务载体不断丰富。海洋技术装备及海洋模型的研发与检验及其产品化需要多元化海洋科技成果转化服务载体，广东将着眼于满足海洋观测技术装备开展海上试验的需求，推进国家级浅海、深远海综合性海上试验场示范基地建设，建立布局合理、功能完善、资源共享、军民融合的海洋观测技术装备海上试验场体系。进一步推进海洋观测装备检测平台建设，建立覆盖物理海洋、海洋化学、海洋地质与地球物理等领域的海洋观测装备计量评价体系。建设海洋观测装备环境检测中心，构建深远海、极地等特殊环境海洋观测装备环境适应性试验平台，提供全面专业的实验室综合模拟试验服务。推进海洋技术交易服务与推广活动，面向国内外的服务网络建设，提高技术成果评估、技术转让、知识产权代理等服务能力。

3）海洋公共服务实施体制趋于优化。逐步放开技术和能力以外的限制标准，能够促进海洋公共服务市场化发展，未来广东将逐步开放海洋公共服务社会组织准入标准，针对海洋公共服务技术标准、组织标准、服务费用标准等进行全面说明。同时，完善的专项污染领域防治法律标准，具体的制度规范，细化的责任分配模式，能够有效促进海洋公共服务效率提升。广东要实现法律规范和技术标准统一，可以借鉴日本在环境监测技术标准方面的统一原则，由政府部门进行统一的标准制定。此外，完备的市场化制度体系是海洋公共服务业有效实施的有力支撑。广东应建立公开透明的招投标制度、规范的政府采购制度和相关市场监督约束制度等机制来推进市场化制度体系的建设。

4）海洋公共服务科技向创新引领型转变。海洋开发必须走科技兴海之路，实行海洋科技创新发展战略，促进海洋科技研发、科学教育与海洋开发活动的紧密结合，提高海洋开发的生产力水平。广东海洋公共服务产业科技化水平不断提升，将从以下几个方面向创新引领型转变：一是重视科学技术储备，通过高新技术研发计划，将海洋探测技术、海洋资源勘探开发技术、海洋生物技术、海洋高端信息技术等列为计划重点，跟踪国外的发展动向，研究开发新的技术，为海洋的可持续利用做技术储备；二是重视科技人才储备，包括制订和推行各个层次的海洋知识、海洋科技、海洋意识的科学教育计划，提高海洋开发者的技术技能，培养和引进海洋开发各个领域的高水平专业人才，保证海洋经济建设对劳动者和科技人才的长期需求。

5）海洋公共服务范围向纵深领域扩展。海洋公共服务体系是海洋开发和管理活动的支撑和保障，是海洋产业集群形成的重要前提，世界发达海洋经济体都高度重视海洋公共服务体系的构建，并将其作为一个重点产业培育，逐步实现由公益性服务向商业性服务的转变，其服务范围逐步向纵深领域扩展。未来广东海洋公共服务产业将更专注于生产与服务，发展领域更专注于海洋公共服务战略性科技新兴产业，如现代海洋服务业，包括海洋信息服务产业、海洋大数据服务业、海洋 5G 网络商用服务业、海洋“互联网+”服务业、仓储物流服务业、海洋科技孵化与创新服务业、海洋知识产权交易服务业等，为海洋经济发展和海洋强省建设提供优质、高效的服务。

4. 对策建议

（1）大力提升海洋公共服务的科研水平。广东海洋公共服务应该侧重于提高高新技术行业领域的扶持力度，发展国家科技基金，支持海洋技术创新。政府应承担起组织海洋研究、提供海洋咨询服务、解决海洋科技难题的职责。参照美国的成功经验，实施海洋信息技术基础设施计划。具体地，建设海洋云计算硬件基础设施平台，满足海洋科学应用需求；实现对海洋数据集和高级软件的有效利用；完善数据存档与共享分发服务体系。另外，应面向大湾区、面向“一带一路”沿线国家海洋高端人才培训，充分利用广东海洋业务部门、高等院校、科研院所的高端技术人才优势，充分利用粤港澳城市群稠密的海洋探测网、区域数值预报体系、精细化预警预报系统和香港天文台短时临近预报系统等现代业务资源优势，建立具有国际先进水平的高层次海洋骨干人才和海洋预报专业技术人员培训中心。建立区域访问学者制度，开展针对市级之间的横向预报员、海洋服务和保障人员及管理人员定期交流访问，加强纵向及交叉交流力度。

（2）加大海洋公共服务的财政金融投入力度。一方面，在海洋公共服务的基础设施建设中，为了防止市场自身缺陷带来的配置失效，通过财政资金分配调节对非政府部门的资源配置，按照广东省发展战略和经济发展规划，引导资金投放，鼓励和支持基础设施和重点项目建设，加强对海洋预报系统、海洋信息服务系统、海洋监测与监视系统、海洋调查系统、海洋通讯与导航定位等的财政投入力度。另一方面，在海洋公共服务技术创新成果转化中，广东应大力推进海洋公共服务技术创新与成果转化投融资体系建设，鼓励涉海科教机构、研发平台和企业大力争取中央财政科技计划项目，形成中央财政科技计划持续投入机制。加强中央和地方财政科技投入的衔接，建立海洋观测技术创新地方投入稳定增长机制。利用国家和地方科技创新与成果转化应用专项资金，加大对海洋观测技术装备创新平台、生产应用示范平台、性能测试评价中心、应用示范项目的支持力度。发展知识产权质押贷款、股权质押贷款、信用贷款、产业链融资等金融产品和服务，完善融资风险补偿机制，简化融资流程。鼓励符合条件的金融机构，为海洋观测装备创新创业企业提供股权和债权相结合的融资方式，与创业投资机构合作实现投贷联动，支持科技项目开展众包众筹。引导和支持海洋观测装备创新型企业上市融资。

（3）深化与高校、涉海企业等非政府组织的交流合作。在海洋保护、海洋可持续发展中，政府是我国提供海洋公共服务的主体，但高校、涉海企业等非政府组织也扮演着越来越重要的社会角色。加强与非政府组织的交流合作，一是联合广东各高校和涉海企业，建设海洋综合公共服务平台，为企业和各类用户提供低成本的测试、验证等服务。鼓励海洋六大产业相关科研机构在平台基础上设立分支机构，建立技术研发中心，支持科研机构和涉海企业参与国家和省级智慧海洋和海洋六大产业行业标准规范的研究，抢占标准制高点。二是加强同涉海企业，尤其是海洋六大产业企业的沟通交流，充分了解其发展过程中的海洋公共服务需求，为涉海企业提供切实、有效、可行的海洋金融服务、海洋法律服务等海洋公共服务支持。组织海洋项目投资落户的涉海企业与市政府相关单位进行需求对接，解决信息不对称问题，提高项目实施效率。三是培育发展海洋公共服务装备企业，充分利用国家和省市科技成果转化引导基金、中小企业发展基金等的吸聚效应，广泛吸收社会资本投入，大力培育海洋观测装备小微企业，加快海洋观测传感器、平台和通用技术装备的产品化和产业化开发进程。

（4）完善海洋法规制度及标准体系建设。出台《广东省海洋公共服务业管理办法》，制订并完善广东海洋公共服务领域相关法律法规和部门规范性文件，研究制定分领域具体政策，包括规范准入标准、资质认定、登记审批、招投标、服务监管、奖励惩罚及退出等操作规则和管理办法，明确规范服务类型、责任界定、监管流程、付费体系以及相关法律依据。逐步开放海洋公共服务社会组织准入标准，制订《广东省海洋公共服务清单》，明晰项目遴选和审核程序，建立清单动态调整机制，针对海洋公共服务技术标准、组织标准、服务费用标准等进行全面说明，并逐步放开技术和能力以外的限制标准，促进公共服务市场化发展。建立动态发布制度，通过互联网平台发布项目清单，并根据清单动态调整情况，及时向社会更新有关信息。

（5）加快推动港口和海岛经济发展。发展港口经济既要占用陆地，也要占用海岸线和水域，这既是沿海地区陆地开发的战略问题，也是未来广东海洋开发的重要任务。可通过建立智慧港航与海上应急服务平台，重点建设港航交通综合指挥应用系统、海洋船舶与船员管理服务系统、江海联运信息服务平台、电子口岸管理系统，实现“船、港、货”一体化管理服务。打破行政壁垒为港口建设运行、航运等提供无缝隙、精准化、智慧型的一体化海洋保障。此外，海岛作为广东最重要的海上陆地资源，可将海岛开发蓝图列入广东经济发展规划之中，打造海岛经济新增长点。通过制订海岛开发规划，创造条件，实施优惠政策，科学合理地开发利用海岛资源，发展海岛经济。同时，要加强对海岛的综合管理，保护海岛生态的多样性，促进岛陆协调发展。

（6）培育海洋公共服务业军民融合优势增长点。广东省具有发展海洋经济的高科技优势。军民融合战略与海洋经济的融合需要发挥高科技的核心作用，在众多的经济发展模式中创造出自己的优势。目前，广东海洋经济的大型重工业，包括武装器械、海洋执法交通工具、检测探测高端仪器等产业正处在调整升级阶段，能够为军队国防建设实现高科技化提供技术动力和产品供给。而长期驻扎在广东的海陆空及武警部队在军事演习、救灾抗灾中也积累了大量与民生民用行业进行资源互补和业务合作的丰富经验。如广东海洋石油开发勘探技术能够为南海的填岛提供许多技术上的支持，而海军军舰在深海的探测鱼雷等声呐技术可以为石油探测及其他资源探测提供技术支持。

（7）积极推进海洋公共服务开放合作。打造海洋公共服务产品的资源配置中心，鼓励企业开展海洋深层次合作，构建环南海经济圈科技、产业创新中心，并支持龙头企业服务于环南海区域基础设施建设，推动运营、标准、技术走出去，为国家经略南海提供有力支撑。此外，依托粤港澳政府间的合作框架协议，重点在海洋数据共享、海洋（海岸带）生态环境监测调查、珠三角和海洋大气综合探测等方面深入推进粤港澳海洋科技创新合作。继续举办每年一次的粤港澳海洋科技研讨会。建立健全科技成果认定和业务准入制度，完善科技成果、知识产权归属和利益分享机制，促进自主创新和成果转化。推进重点领域科技成果转化中试基地建设，建立科技成果管理与信息发布系统，建立海洋科技报告制度。打通科技成果向业务服务能力转化通道，提升科技对海洋现代化发展的贡献度。

Ⅳ

微观经济编

一、造船企业不断夯实世界级创新高地之基

——以广州广船国际股份有限公司为例[①]

2021 年，全球造船企业整合加速，中国船舶企业完工量、手持订单、新增订单三大指标继续保持全球第一，占世界总量的50%左右，迎来了“十四五”的开门红。广州广船国际股份有限公司是我国华南地区最为重要的船舶制造企业之一，它建造了半潜船、客滚船、极地运输船等高技术、高附加值船舶和军辅船等军舰，本文内容简要分析广船国际的发展现状。

（一） 企业综述

1. 企业总体概述

广船国际是中国船舶集团有限公司属下的现代化造船企业，是国家高新技术企业，拥有国家认定的企业技术中心，是华南地区重要的现代化造船核心骨干企业，同时也是重要的保障船研制基地。公司掌握 MR、LR Ⅰ & LR Ⅱ、VLCC、VLOC 型船舶，以及半潜船、客滚船、极地运输船等高技术、高附加值船舶和补给船、布缆船、救助船等保障船型方面的核心技术，实现了油轮系列的全覆盖，MR 船建造量长期位于国内前列，并已成为国内最大的客滚船出口商和世界最大的半潜船生产商。可设计建造符合世界各主要船级社规范要求的 40 万载重吨以下的各类船舶。

广船国际现拥有位于南沙和中山的两个主要生产厂区，南沙厂区（即公司总部，占地 309 万平方米）是公司防务和船海产业的发展基地，中山厂区（占地 56 万平方米）是公司应用产业的主要发展基地。公司南沙厂区配置 2 座 40 万吨级造船坞、2 座 30 万吨级修船坞、2 座 5 万吨级造船平台、1 台 900 吨龙门吊、4 台 600 吨龙门吊，以及深中通道自动化生产线、16 米国产拼板线、智能涂装生产线等 3 条自动化生产线，年造船能力达 350 万载重吨，年承修能力达 300 余艘，可提供造修一体化、一站式服务。

---

① 本文作者为广东财经大学海洋经济研究院崔宇。

2. 企业发展历程

广船国际历经68年发展，见证了中国船舶工业由小到大、由弱到强的峥嵘历史。1954年，广州造船厂成立。1993年，广州造船厂启动股份制改革，成立广州广船国际股份有限公司并上市，是中国第一家造船上市公司。2014年，广州广船国际股份有限公司完成与广州中船龙穴造船有限公司的整合。2018年，广船国际有限公司对广州中船文冲船坞有限公司进行吸收整合。从只能建造百吨级船舶到建造华南首艘万吨巨轮，从“螺蛳壳里做道场”到建造30万吨轮的突破，从1993年成功上市到2018年挥师南沙，从打破中国豪华客滚船、半潜船建造“零”的纪录到实现批量建造高技术、高附加值船舶，广船敢为人先、向海图强，始终牢记着“铸梦深蓝、保军先锋、智造典范”的使命担当。

3. 2021年经营状况

2021年，广船国际有限公司以习近平新时代中国特色社会主义思想为指导，深入贯彻落实党中央和中国船舶集团战略部署，上下同心、奋力拼搏，取得了重大的改革发展成果，承接33艘民用船舶建造订单，承接金额超过200亿元，创造了历史最高纪录。其中，高附加值、高技术船型占比高达76%，实现了“十四五”的良好开局。2021年，在党旗引领号召下，广船国际深中通道项目团队接连克服了新冠疫情、限电等客观不利因素的影响，公司主营业务成功扭亏。2021年，公司实现营业收入115亿元，同比增长6.5%；全年承接合同208亿元，同比增长64.2%；完成工业总产值129亿元，同比增长25.7%；年度经营接单、工业总产值均创历史新高，为“十四五”高质量发展开好局。

绿色工厂建设走在前列。广船国际建成业内首个分布式危废处理工厂，大力推进现场一流环境建设。南方环境、广船电梯开发出多种先进环保装备，手持双燃料绿色船舶订单数量稳居国内前列。两项专利荣获中国专利优秀奖，专利申请量超过300项。设计标准化、规范化、轻量化取得成效，多项应用产业产品成功推向市场。

（二） 发展环境分析

1. 宏观环境分析

（1）政策环境。党中央做出“三个强国、两个一流”等重要战略部署，加快建设海洋强国、制造强国、科技强国，全面推进国防和军队现代化。要深化供给侧结构性改革，立足新发展阶段，贯彻新发展理念，坚持以扩大内需为战略基点，加快形成以国内大循环为主体、国内国际双循环相互促进的新发展格局。

国务院印发的《中国制造 2025》将海洋工程装备及高技术船舶列入十大重点发展领域和五大创新工程；国务院印发的《“十三五”国家战略性新兴产业发展规划》将海洋工程装备列为国家战略性新兴产业。2022 年，国家发展改革委等九部委印发《推进造船强国建设实施方案》，系统提出五大工程、六大行动及四方面政策，标志着“造船强国”在国家层面的正式确立，统筹谋划造船强国建设，推动船舶工业高质量发展。

《粤港澳大湾区发展规划纲要》《广州南沙深化面向世界的粤港澳全面合作总体方案》及广东省、广州市“十四五”发展规划明确提出要大力发展海洋经济，加快推动海洋科技创新，壮大发展海洋高端装备，初步建立现代海洋产业体系。

在实现“两个一百年”奋斗目标的历史交汇期，集团公司作为军工央企，于 2019 年 11 月实施了重组整合，中国船舶集团有限公司正式挂牌成立，标志着我国船舶工业发展进入新的历史时期。

随着近年来环保要求趋严，国际海事组织（IMO）相关规则规范的生效，绿色船舶及相关配套的需求也会增加，特别是新能源动力船舶将是未来主要造船企业发展的重点。

（2）经济环境。当今世界正经历百年未有之大变局，经济形势复杂严峻，不稳定性、不确定性较大。2020—2021 年，由于新冠疫情暴发与全球大流行，国际经贸发展遭受严重冲击，再加上逆全球化、保护主义、单边主义等抬头，国际船海行业发展的外部环境严峻复杂，不确定性、不稳定性加剧，很大程度上抑制了新船需求的释放。

由于疫情影响和中美贸易战，大多国家经济增长放缓，联合国则表示，2022 年中国的经济增速能达到 4.5%，已远超全球的平均水平。

国内邮轮市场出现了明显增长，新冠疫情的冲击长期来看仍有望逐步消退，政府也将突破豪华邮轮设计建造技术、提高国际竞争力列为重要发展目标。

（3）社会环境。党的十九届五中全会坚持稳中求进工作总基调，坚持新发展理念，坚定不移推进改革开放，把握扩大内需这个战略基点，加快培育完整内需体系，把实施扩大内需战略同深化供给侧结构性改革有机结合起来，以创新驱动、高质量供给引领和创造新需求，畅通国内大循环，促进国内国际双循环，提高经济质量效益和核心竞争力。

造船行业属于劳动密集型、资金密集型、技术密集型行业，目前技工人才严重短缺，随着社会升级发展，人才结构性矛盾更加突出。

低排放、船舶专用保护涂层性能标准（PSPC）、协调共同结构规范（HCSR）等新规范的实施，要求船企提升船舶的绿色、环保、经济性能，目前全球对绿色、安全、环保空前重视，随着我国碳达峰和碳中和目标的提出，对船舶行业的绿色、环保要求一再提升。

（4）技术环境。信息技术、生物技术、智能制造、新材料技术和新能源技术与船舶工业的多学科、多技术领域相互渗透、交叉融合、群体突破，船舶智能化水平不断提高，新型材料应用得到推广，新一代信息技术与制造技术加速融合，以智能船舶、零碳船舶、深海装备、智能制造为代表的一批颠覆性技术将引领和带动船舶科技革命和产业变革逐渐走向高潮。

从造船大国向造船强国转变是中国未来船舶产业升级发展的必经之路，开发绿色油轮液货船、客船和极地航线等高技术、高附加值船舶成为未来船型发展的主要趋势。

大数据、物联网、人工智能、清洁能源、先进制造等技术正在加速与海洋产业的融合交汇，不断催生新业态、新模式。

数字化、自动化造船技术的运用，要求船企不断提升造船效率，平地造船技术的成熟降低了船舶企业对船坞的需求，改变了中小船舶的生产模式，缩短生产全过程周期。

2. 产业环境分析

（1）行业市场分析。从行业来看，2021 年，全球经济复苏带动航运市场回暖，全球海运贸易量同比增速超过 6%，克拉克森海运价格指数年度增幅超过 120%，集运市场甚至出现“一箱难求”的罕见景象。航运市场的有利行情传导至造船市场，疫情期间搁置的一批新造船项目得以重启，与此同时，国际海事组织（ IMO ）、国际船级社协会（ IACS ）、国际标准化组织（ ISO ）等陆续出台了对航运、船舶的绿色低碳新规则规范，推动了老旧船舶运力的加速更新，进一步激发了船东投资热情，全球新船市场“量价齐升”。中国船舶工业行业协会统计数据显示，全年世界新船订单量累计近 1.2 亿载重吨，是 2020 年的 2.2 倍。主力船型价格涨幅明显。其中，好望角型散货船、大灵便型散货船、超大型油船、万箱集装箱船船价较年初分别增长

30.1%、35.4%、29.4%和46.9%。

（2）行业竞争程度分析。世界格局与宏观政策深刻调整，科技革命与产业变革日新月异，造船市场新船需求热点正在转变。

从船型类别看，液化气船市场持续活跃，2019 年全球成交订单 118 艘、569 万修正总吨，以修正总吨计，对全球造船市场贡献了 22%，占比最高。相比之下，油船、散货船与集装箱船的新船成交量有不同程度萎缩。

从典型产品看，船舶大型化趋势延续，超大型集装箱船、新巴拿马型集装箱船、纽卡斯尔型散货船与 8.4 万方～8.6 万方超大型液化气船（VLGC）等备受青睐；同时，海运贸易航线变化带来新机遇，如北美加大能源出口催生能源运输船订单；区域经贸活跃叠加货物转港集散需求旺盛，持续刺激支线箱船、杂货船等船型订单释放。

从环保船型看，海事规范不断升级，船东投资倾向环保船舶，2019 年已确定加装脱硫塔或配备环保主机的订单数量占市场总量的 30%，较 2018 年提升 5 个百分点。

（三）实践成果与优势特征

1. 行业实践成果

广船国际取得卓越的发展成就，离不开优秀的制造基因、尖端的行业技术和一流的客户服务。

（1）传承优秀制造基因。公司坚持敢为人先、追求卓越的企业精神以及突破自我、大胆创新的开拓精神，一代又一代的广船人秉持着敢于创新、踏实肯干、同舟共济、和谐发展的职业精神，始终致力于打造世界一流精品，使公司在船市浮沉中披荆斩棘、勇往直前，成为公司高质量发展的关键基因。

（2）掌握行业尖端技术。公司拥有一支担当进取、创造辉煌的管理团队，攻坚克难、精益求精的技术力量，技能精湛、经验丰富的生产骨干，形成一批又一批的自主品牌船型，主动引导创造市场需求，持续为广船国际建造高技术、高附加值船型锻造实力，成为公司高质量发展的重要基石。

（3）秉持精准一流服务。公司秉承全方位、全过程和全领域的服务精神，从合同洽谈到缔约建造，从研发设计到服务跟踪，以定制化的设计优势、精益化的建造工艺以及优异的服务方式，与世界知名船东建立了稳固的合作伙伴关系，打造出享誉海内外的系列化明星产品和“GSI”金字招牌，成为公司高质量发展的坚实根基。

2. 企业优势特征

截至2021年年底，广船国际手持造船订单74艘，约489万载重吨，其中，客滚船共计8艘，全球市场占有率约23%，国内第一、全球第一；MR共计22艘，全球市场占有率约17.5%，国内第一、全球第二；LR Ⅱ共计15艘，全球市场占有率约26.6%，国内第一、全球第一。2019—2021年目标船型国内外排名及全球市场占有率，详见表4－1。

表4－1 2019—2021年目标船型国内外排名及全球市场占有率

船型	国内外排名			全球市场占有率/%		
	2019年	2020年	2021年	2019年	2020年	2021年
客滚船	国内第一、全球第一	国内第一、全球第一	国内第一、全球第一	6.4	47.2	23
MR	国内第一、全球第三	国内第一、全球第二	国内第一、全球第二	12.5	14.3	17.5
LR Ⅱ	国内第四、全球第五	国内第一、全球第一	国内第一、全球第一	11.3	29.6	26.6

数据来源：克拉克森（Clarksons）。

（四）行业发展趋势

1. 发展方向

中日韩“三足鼎立”的竞争态势逐步向中韩“两强争霸”的竞争格局发展，全球船海产业格局发生深刻变化，资源进一步向优强企业聚集；未来新造船需求将主要来源于技术升级和日趋严苛的规则规范，节能、环保、智能、安全、高端产品将逐步成为市场主流；后疫情时代全球客滚船市场将有望继续保持活跃，中小型邮轮订单仍可能快速增长，集装箱航运市场行情改善，新型海洋装备发展需求明显增长；长期来看，受全球经济拖累及海运贸易增长缓慢等因素影响，预计“十四五”期间全球船海市场将持续低迷，造船产能依然过剩，全球新船年均成交量仍难以出现大幅增长。

2. 未来展望

从行业需求来看，2021年以来，中国船厂凭借在散货船市场的绝对优势和在箱船市场上的全新突破，在中韩两强争霸中取得明显优势。2022年，世界经济将逐步重回趋势通道，国际海运贸易增速将一定程度放缓，但行业信心已经得到明显提振，新船订造需求不会大幅萎缩，再加上新环保法规即将生效和去碳化需求带来的市场机会，预计 2022 年全球民船新船成交量将小幅回调至 9000 万载重吨左右。

从船型市场看，油船方面，VLCC、阿芙拉型船、LRⅡ、MR 等船型市场值得关注。散货船方面，中小型散货船订单规模相对可观，大型散货船需求将出现一定程度收缩。箱船方面，大型及超大型箱船需求相对放缓，中小型箱船需求保持相对稳定。液化气船方面，大型 LNG 船和 VLGC 市场值得继续关注，中小型液化气船市场也存在一定机遇。

二、技术引领推动海上风电产业集群发展
——以明阳智慧能源集团股份公司为例[①]

随着国家“双碳”战略的提出，海上风电产业在诸多可再生能源中发挥着日益重要的作用。目前，我国海上风电产业初具规模，发展成果显著。但与此同时，海上风电企业的发展也还存在着技术、成本及产业链等多方面的问题。明阳智能作为行业龙头企业，紧握行业发展趋势，进行技术与产业布局，始终坚持创新引领和自主研发，强化自主化水平和产业链控制力，持续打造技术领先优势，助推海上风电产业集群发展。其发展经验对海上风电企业的发展提供了重要的参考价值。

（一）海上风电行业发展环境及市场分析

1. 发展环境分析

（1）政策环境。在2030年前碳达峰、2060年前碳中和的“双碳”目标的重大战略部署下，我国全面开启“双碳”经济新时代。近年，得益于海上风电技术的快速发展，我国海上风电政策可分为定竞价、抢核准、降电价、限补贴4个阶段。

1）定竞价。2018年5月18日，国家能源局发布《关于2018年度风电建设管理有关要求的通知》规定，2019年起，各省（自治区、直辖市）新增核准的集中式陆上风电项目和海上风电项目应全部通过竞争方式配置和确定上网电价。

2）抢核准。2018年下半年，受竞价政策影响，我国海上风电迎来项目核准的高峰期，总计核准高达28.7GW，其中，广东省核准31个海上风电项目，共计18.708GW；福建省核准5个海上风电项目，共计1.712GW；江苏省核准30个海上风电项目，共计8.3023GW。

---

① 本文作者为广东财经大学海洋经济研究院张海平。

3）降电价。2019 年 5 月 21 日，国家发改委发布《关于完善风电上网电价政策的通知》规定，2019 年符合规划、纳入财政补贴年度规模管理的新核准近海风电指导价调整为每千瓦时 0. 8 元，2020 年调整为每千瓦时 0. 75 元。新核准近海风电项目通过竞争方式确定的上网电价，不得高于上述指导价；对 2018 年底前已核准的海上风电项目，如在 2021 年底前全部机组完成并网的，执行核准时的上网电价；2022 年及以后全部机组完成并网的，执行并网年份的指导价。

4）限补贴。2021 年 10 月 21 日，财政部、发展改革委、国家能源局联合发布《关于〈关于促进非水可再生能源发电健康发展的若干意见〉有关事项的补充通知》规定，定义海上风电全生命周期合理利用小时数为 52000 小时，明确项目全生命周期补贴电量总量 = 项目容量 × 项目全生命周期合理利用小时数；同时，还明确风电项目自并网之日起满 20 年后，无论项目是否达到全生命周期补贴电量，均不再享受中央财政补贴，改为核发绿证参与绿证交易。

（2）技术环境。海上风电及相关领域的技术发展主要体现出以下三大特征。

1）风机大型化加速推进。在国家取消海上风电补贴的背景下，海上风电项目的“平价”进程亟须通过技术创新、降低成本来确保项目收益率。风机大型化是解决方案之一，为迎合市场发展需求，近年风电机组由传统的 5～8 MW 升级为 11～16MW。

2）漂浮式风机基础。海上风电发展已呈现深远海化趋势，深海风资源更为丰富，国内海上风电开发已经拓展至超过 40 米水深的区域。对于深远海，漂浮式基础是更优解。目前，国内漂浮式风机技术处于样机验证阶段。我国首个漂浮式风电机组已于 2021 年实现并网。

3）海洋工程装备配套发展。2021 年，全省海洋工程装备完工量 16 座（艘），同比增长 45. 0%；新承接订单量 20 座（艘），同比增长 186. 0%；手持订单量 29 座（艘），同比下降 40. 0%。目前，在海上风机大型化之后，配套的海上施工船机设备正在进行批量改建或新建，国内在建可以安装 12MW 以上容量风机的吊装船初步统计只有 31 艘，并将在 2022—2023 年陆续下线，能够为我国大容量海上风电施工安装提供充分保障。

2. 行业市场分析

2022 年上半年，随着机组大型化快速推进，我国风力发电的竞争力进一步增强，风电行业全面进入了“平价时代”。

全国风电并网容量大幅上升。根据能源局统计数据，2022 年 1—6 月，全国风电新增并网容量 12. 94GW，同比上升 19. 37%。其中，陆上风电新增并网容量 12. 06GW，同比上升 38. 72%。截至 2022 年 6 月底，全国风电累计并网容量 342. 24GW，同比增长 17. 24%。其中，陆上风电累计并网容量 316GW，同比增长 12. 4%；海上风电累计并网容量 26. 66GW，同比增长 139. 53%。

全国风电订单大幅增长。根据伍德麦肯兹（WoodMac）的统计，2022 年上半年我国风电的新签订单规模达到 45GW，相当于 2021 年前三季度的新签订单水平，同比增长超过 40%。其中，陆上风电订单量占比达到了 84%。海上风电新签订单达 7GW，主要集中在广东省和山东省。

风电机组的平准化度电成本（LOCE）不断下降。风机大型化使风机单位千瓦的物料用量不断下降，新材料、新技术、新设计的应用使得机组轻量化，大幅降低了风电整机的单位成本。

集中集约化开发渐成潮流。海上风电大基地开始启动，进一步推动风电开发规模化、集约化进程。2022 年 6 月 1 日，国家发展改革委、国家能源局等九部门联合印发《“十四五”可再生能源发展规划》，提出鼓励地方政府出台支持政策积极推动近海海上风电规模化发展，加快推动海上风电集群化开发，将重点建设山东半岛、长三角、闽南、粤东和北部湾五大海上风电基地。广东、广西、江苏、浙江、山东、福建、海南、辽宁等省份已经公布了相关海上风电发展具体实施规划。

积极拓展海外市场。全球风电市场维持较高的发展热度，根据全球风能理事会（GWEC）统计，2021 年全球风电新增装机容量达到 93. 6GW。其中，海上风电在新增装机量中占比超过 22%，同比增长超过 15 个百分点。2021 年全球风电新增招标容量超过了 88GW，同比增长 153%。其中，全球海上风电新增招标容量达到了 19. 4GW。

（二）海上风电企业面临的主要问题

1. 核心技术落后的问题

技术创新不仅是推动海上风电产业快速发展的主要动力，也是制约产业链实现国产化，降低成本的主要因素。首先，我国海上风电产业在基础共性技术上与欧洲海上风电发达国家相比存在较大的差距，如施工技术精准性、计划性整体较为落后，生产塔筒从原材料成本到塔筒重量过高造成的安装成本等，都成为我国施工和运营维护等环节的成本居高不下的主要原因，也造成国内产业与欧洲之间巨大差距。其次，现有关键核心技术依赖国外，导致行业发展备受制约。许多企业通过购买技术许可方式以引进核心技术，如齿轮箱和叶片等核心零部件的关键设计技术依然依赖于国外，使得我国在设备采购过程中，溢价能力低，购置成本高。再次，前沿创新技术也存在较大差距，如电力输送的柔直技术，适应深远海化发展的浮式风机技术，风电储能和传输技术国内也存在一定差距，使得在新兴市场中无法取得先发优势。最后，在海上风电产业的智能化和数字化领域方面相对落后，主要技术依赖进口，比如运营维护监测机器人技术、无人运营维护船自动驾驶和自动检测技术等。

2. 建设及运行成本偏高的问题

我国海上风电产业已取得快速的发展，但居高不下的成本已经成为制约海上风电发展的核心问题。

（1）企业内部决策机制缺乏有效监管造成的决策失误成本。由于技术和资金门槛，我国海上风电企业多为央企、国企，其在决策中存在以下问题：①对行业缺乏认知造成的决策失误。由于海上风电起步晚，有的企业来自陆上风电，有的企业来自海上石油行业等，这些企业在海上风电方面还不够专业，决策的失误造成较高的成本损失。②企业决策机制没有清晰界定责任与权利，容易出现不同决策者做出不同决策的现象，最后不是依据经济性和科学性获得决策结果，而可能是依据决策者权力级别与喜好，致使许多决策带有随意性。③设备购置成本较高，亟待技术突破，促进产业链实现国产化。设备购置成本约占项目总投资的45%，而制约设备购置成本降低的主要因素是技术的突破，如主轴等关键零部件的高端技术依然由国外掌握，国内使用需要依赖国外进口，使得在采购过程中溢价能力低，抑制了企业创新能力。

（2）运营维护环节经验缺乏，且专门化运营维护船数量不足，造成运营维护成本高。我国海上风电由于起步较晚，目前尚未有足够的规模化项目运营维护经验，对故障的出现也无法进行精准的预判，运营维护方式主要以被动为主。此外，专业化的运营维护船数量较少，在抢装潮的推动下，也成为运营维护成本居高不下的原因。

（3）金融支持力度不足，导致融资成本高。海上风电产业属于投资周期长、风险性较高的战略性新兴产业，但其融资渠道过于单一，资本市场融资也只有少部分企业能够实现，使融资来源过度依赖银行贷款。但由于担保体系的不完善，国家政策性银行的支持力度也不足，造成银行贷款融资成本高。因此，我国海上风电要想实现成本的大幅度降低，除了顶层规划设计、企业决策绩效的监督与问责外，还必须考虑全产业链各环节成本的系统控制问题。

3. 产业链条布局问题

总体上看，我国海上风电产业链完善程度与发达国家相比存在较大的差距，主要差距表现在：一是前期勘探和设计环节薄弱，多数还依赖陆上风电经验，部分依赖国外设计，这不仅会增加试错成本，还耽误产业发展进程。二是风电场建设竞争力不强，虽然我国普通零部件制造已基本实现国产化，国内风机厂商制造水平位居全球前列，但我国核心零部件依然受到国外制约，建设环节成本高、技术与国际差距大，产业建设环节的国际竞争力不强。三是生产运营维护服务环节严重滞后，基本处于起步探索阶段，在运营维护服务标准、运营维护服务质量，以及运营维护服务智能化等方面还处于空白。四是没有前瞻性谋划布局海上风电的消纳问题。尽管沿海区域海上风电属于高负荷区域，易消纳，然而由于传统的能源消费结构的惯性致使在短期内要想有准备地解决海上风电消纳问题，还需要从政策、消费环境、储能技术等诸多领域提前布局，以便解决即将迎来的海上风电的大规模生产供应问题。

（三）明阳智能的创新引领发展经验

明阳智慧能源集团股份公司（简称“明阳智能”）作为全球顶级的风机制造商和清洁能源整体解决方案提供商，紧紧抓住国家绿色发展和“双碳”目标的重大机遇，已发展成国内领先、在全球具有重要影响力的智慧能源企业。2022 年，明阳智能位居全球新能源企业 500 强第 15 位、中国制造企业 500 强第 192 位、中国企业 500 强第 385 位、全球海上风电创新排名第 1 位。

1. 紧抓行业机遇，不断强化竞争优势

明阳智能在技术和行业布局上极具前瞻性，并不断把握国家政策方向、紧抓行业发展机遇，持续打造风电领先优势。自 2005 年《中华人民共和国可再生能源法》颁布实施以来，中国风电市场发展迅速，成为全球第一大风电装备制造大国和装机大国。明阳智能成为这一历程的见证者和践行者。

明阳智能能够在风机大型化和海上风电市场引领行业，主要得益于对前沿技术和产业市场的趋势把握。首先，公司通过半直驱技术引领风机大型化趋势，顺应了产业发展的趋势。公司很早就锁定了具有发电量高、可靠性强、体积小等优势的半直驱技术，通过长达数年的消化和合作，在半直驱技术领域积淀深厚。一方面，公司超紧凑半直驱 MySE 系列风机更轻、更紧凑，大型化后机组吊装难度更低；另一方面，采用半直驱路线的风机大型化成本更低。因此，公司超紧凑半直驱技术路线更适应陆上、海上风机发展趋势，为公司大型化风机竞争奠定了良好基础。其次，明阳智能位于广东，坐拥区位优势，紧抓海上风电发展机遇，积极扩充海上风电份额。公司订单结构更优，高毛利率的充足海上风电订单为公司带来强大的盈利能力。

从 2020 年起，风电承载着从补贴到平价的关键性转折，“十四五”期间风电补贴将全面取消，风电上网电价将继续下降。在此趋势之下，公司继续践行“大风机战略”，加大大容量风机在陆上与海上风电市场的应用，符合行业发展趋势。机组容量向更大方向进化，可保障海上风电总体建设成本降低。更大兆瓦风机，在降低基建成本和运营维护成本上优势明显，明阳智能作为国内风机大型化的先行者，具有产品更新快、成本更低、发电量更高、技术路线优势更加明显的先发优势，现已形成了以 5.5MW、6.45MW、7.25MW 等产品为主的海上风机产品谱系。在机组成本和风电建设成本没有太多压缩空间的情况下，明阳智能深耕风电后市场，通过降低运营维护成本、完备运营维护体系，进一步降低度电成本。针对风电后市场，明阳智能着力构建全生命周期海陆风电整体解决方案、资产运营能力提升、资源价值实现的创新商业模式。

现阶段，在全面落实“双碳”目标的过程中，面对全新的市场环境，明阳智能继续发挥公司研发的领先性和半直驱技术的优越性，不断加大研发投入，推进机组的大型化，实现陆上、海上风电机组创新以及智慧化电场管理平台等多方面的升级，持续引领中国风电行业发展。

2. 坚持自主研发和创新，以开放的态度整合技术资源和人力资本

明阳智能一直坚持创新引领和自主研发，凭借强大的创新和研发能力，在陆上和海上风电领域均已进行了长期而深厚的技术积累，持续打造着技术领先优势。

明阳智能注重自主研发，不断加大研发投入。公司年报数据显示，2021 年，公司研发投入 10.54 亿元，同比增长 42.28%。持续在研发领域的积累，为公司构建了突出的研发能力、研发队伍和研发平台，也为公司积累了核心竞争力。明阳智能已经拥有国内领先的叶片设计团队、齿轮箱设计团队、发电机设计团队、核心研发仿真团队、整机研发测试团队、智能化运营维护团队等专业研发队伍。截至 2021 年年底，公司风能研究院共有研发核心技术人员超过 2000 人，拥有授权发明及实用新型专利 1000 余项。

明阳智能坚持创新引领，把人才作为第一资本。公司面向全球吸纳高端人才，广泛开展国际技术交流与产学研合作，已建成“一个总部、五大中心”的创新研发平台，即以中山为总部，并在北京、上海、深圳、美国硅谷、德国汉堡建立高端前沿研发中心。公司还建立了国家级企业技术中心、国家地方联合工程实验室、广东省风电技术工程实验室、广东省工程中心和博士后科研工作站。此外，与荷兰国家级能源实验室（ECN）、德国劳埃德船级社（DNVGL）、德国弗劳恩霍夫研究院（Fraunhofer）、世界顶级传动链设计商（Romax）等国际知名机构进行科研合作，在气动弹性力学研究、齿轮箱设计、传动链系统设计、复杂地形风资源测算、先进控制策略开发等风电前沿技术领域取得突破发展。

3. 培育核心关键部件自主生产配套的能力，强化自主化水平和产业链控制力

较为全面的核心零部件自主配套能力，在助力风机新产品研发、成本管控、保障供应链安全等方面具有重要意义。明阳智能不断强化自主化水平，具备了叶片、变频器、变桨控制系统、电气控制系统等各核心零部件的自主研发、设计、制造能力，以及进行一体化建模与模型验证研究的能力。同时，明阳智能还掌握了风力发电机组核心部件的研发、设计和制造能力，不仅可以有效控制成本，提升盈利能力，还可以从整机系统角度对风机部件进行优化设计，提高风机运行效率及可靠性，从而更好地满足客户多层次的需要，保持企业的产品核心竞争力。在供应链方面，公司持续推进供应链垂直一体化，深化供应链整合。基于半直驱技术路线，明阳智能经过 10 年之久已培育起独特、稳健的供应链体系，关键部件的供应链体系与行业甚少竞争。对关键零部件的技术储备和持续投入，使公司可向供应商输出技术，整合其生产能力深度绑定或自我配套生产能力，服务于公司的整机技术迭代，并可更好地满足持续的机型升级需求。同时，在有效控制质量、保证交付的前提下，可进一步对供应链的深化整合控制成本。

（四）海上风电行业的发展趋势

广东省积极布局海上风电产业发展，推动海上风电项目建设，未来海上风电产业主要存在三大发展趋势。

（1）规模化发展。通过深化粤港澳融合发展，加强与“一带一路”沿线国家和地区在海上风电金融、海上风电科技、海上风电管理、海洋环保、海上风电监测等高新产业方面的合作，汇聚全球高端要素，增强参与全球海上风电产业资源配置能力，可形成广东海上风电高端装备、海上风电高端技术服务和海上风电高新技术的集聚区。

（2）深远海化发展。通过发展广东省独特的抗台风大型化海上风电装备、漂浮式海上风电装备、智能运营维护装备、海上风电勘测装备、海上风电通用装备、海上风电高端运载装备、陆海关联工程装备，力争在海上风电装备领域取得突破性进展。推进海上风电装备制造业高端化、智能化、绿色化、服务化发展，加快深远海风资源的获取进程。

（3）国际化发展。通过探索市场主体、开放融合和国际化的金融创新、转移转化、集聚发展、政策协调、服务高效模式，探索科技创新驱动海上风电发展新模式，建立完善的区域创新体系，进一步提升在全国海上风电创新服务领域中的地位，加强广东省在海上风电创新服务产业中的示范引领作用，为中国海上风电“走出去”做好积极探索与储备。

目前，广东省海上风电产业链建设已取得阶段性成效，初步形成了顶层有设计、发展有平台、产业有集聚、转型有成效的良好态势。基本形成了项目开发合理有序、空间利用集约高效、创新要素集聚、配套设施健全、营商环境优良、海陆协同发展的格局。到 2025 年，海上风电产业链建设将取得决定性成效，形成集海上风电机组研发、装备制造、工程设计、施工安装、运营维护于一体的全产业链体系。海上风电将成为广东海洋经济产业主力军、具有国际竞争力的优势产业，其国际影响力和辐射带动能力将大幅提升。

三、港口龙头企业数字化发展新格局
——以广州港集团有限公司为例①

广州港集团位于粤港澳大湾区核心地带，是我国沿海主要港口和国家综合运输体系的重要组成部分。随着全球海上运输业进入“智能化”时代，港口作为海上物流链的重要环节，有着不可替代的作用。

（一） 中国港口运输龙头企业全方位对比

港口运输产业在我国政策利好的带动下布局逐渐完善。目前，我国的海洋运输龙头企业主要包括广州港集团、珠海港集团等。广州港集团和珠海港集团作为广东港口企业的重要组成部分，为我国港口运输产业做出了重大的贡献，二者对比的具体数据详见表 4 －2。

表 4 －2　2021 年广州港集团、珠海港集团相关数据对比

分类	广州港集团	珠海港集团
港口运输业务收入（亿元）	120. 203475	63. 813603
货物吞吐量（万吨）	52800	669
集装箱吞吐量（万吨）	2262	21
港口运输毛利率（%）	21. 72	11. 57

数据来源：2021 年广州港集团、珠海港集团公司年报。

从经营成果来看，广州港集团均处于领先地位；从业务区域布局来看，广州港集团运输品类比较多，全球航线布局较全面。所以，分析广州港集团的发展经验对于研究广东省海洋经济有较为重要的意义。

（二） 广州港集团： 业务布局历程

1982 年，广州港公司作为广州港集团未来发展核心，由广州港务局牵头

① 本文作者为广东财经大学海洋经济研究院王莹莹。

成立；2004 年，广州港务局政企分开、改制成立为国有独资有限责任公司；2010 年 4 月，广州港公司移交广州市国资委监管，并于 2017 年 3 月 29 日在国内 A 股上市。新冠疫情以来，集团克服疫情影响、船舶阶段性塞港压港等困难，在 2021 年广州港集团完成货物吞吐量 5. 51 亿吨、集装箱吞吐量 2303 万标准箱，拥有集装箱航线总数超 200 条，其中外贸集装箱班轮航线超 140 条，班轮航线覆盖国内及世界主要港口。2021 年，广州港货物吞吐量位居全国第一、全球第四，集装箱吞吐量位居全国第四、全球第五。

（三） 广州港集团： 成就背后的发展经验

广州港集团位于粤港澳大湾区核心地带，是我国沿海主要港口和国家综合运输体系的重要组成部分。粤港澳大湾区目前是中国人口最密集、国际化程度最高、经济最发达、对外开放程度最高的湾区。以广州为中心，方圆 100 千米内聚集着中国经济最活跃的城市群。广州港集团利用得天独厚的陆域和海域资源，能够完成大规模的集装箱运输和中转，大大节省了物流成本。集团采取多式联运的方式，将广州港与沿海及长江的港口海运相通，航运连接国内 100 多个港口，国际海运通达世界 80 多个国家和地区的 350 多个港口。目前，广州港集团已经与世界著名的船运公司开展合作与开放交流，开辟了遍布世界各地的国际航运干线。

广州港集团积极落实中央、交通运输部和省市关于创新工作的要求，率先组建成立港口研究院，积极投身于国际航运中心的建设。广州港集团加大科研创新投入，加强科研创新团队的建设，成立企业自主创新小组和各专项工作小组。目前，拥有创新发展基金等多项资金支持，为港口保持持续健康发展提供了良好的条件。广州港公司近些年大力投资南沙港区，相继在南沙港区投产集装箱投资金额超过 300 亿元，未来仍将继续在粤港澳大湾区建设集绿色、环保、综合性、自动化、智能化为一体的码头，逐步淘汰、升级靠近城市中心的老旧码头。

同时，广州港集团积极响应“广东技工”的号召，五年内培育工匠技能人才 600 余人，为集团的发展提供了坚实的人才支撑。为深入贯彻习近平总书记对港口发展的系列重要指示精神，公司积极响应“开启新征程”的号召，全面服务“一带一路”倡议、粤港澳大湾区建设、交通强国等国家战略，深度融入“一核一带一区”发展格局，加快建设广州国际航运枢纽，广州港集团不断夯实高质量发展基础，聚焦港口物流主业，发展地产、水产、商旅、金融等多元业务，打造“一核多元”的港口产业体系，围绕港口资源，建成以广州港为核心，粤东、粤西为两翼的联动协同发展新格局，建立面向全球、海陆双向、功能完备的港口要素资源集聚平台、整合平台、运营平台，努力把广州港建设成为世界一流港口。

随着全球海上运输业进入“智能化”时代，港口作为海上物流链的重要环节，有着不可替代的作用。广州港集团把握数字化发展机遇，以产业数字化为转型主线，不断提升广州港集团的综合实力。广州港集团发展对国民经济和社会发展做出了巨大的贡献。展望未来，广州港以习近平新时代中国特色社会主义为指导，贯彻落实《珠江三角洲改革发展规划纲要（2008—2020年)》，以数字经济的发展为契机，着力提升港口现代化与国际化水平。

（四） 广州港集团： 未来之路如何走

广州港集团在《广州港口与航运“十四五”发展规划》指引下，紧扣新发展阶段、新发展理念、新发展格局的内涵和要求，紧抓“一带一路”倡议的交通强国、海洋强国和粤港澳大湾区建设等带来的发展机遇，锚定2035年建成世界一流港口的总目标，转变港航发展理念和模式，聚焦优化港区功能布局、补齐基础设施短板、完善综合物流服务功能，促进多式联运高效便捷、港口休闲产业蓬勃发展，构建绿色、智慧港航引领发展机制。

广州港未来将不断加强基础设施的建设，整合铁路、公路、机场等物流基础设施，形成更加快捷、高效、畅通的基础设施网络，不断提高港口竞争的硬实力；整合全球的港口资源，进一步推进大型化、专业化码头建设，使广州港达到“智能化”现代水平，充分适应当前海上物流发展的需要。

目前，广州港集团高度重视数字化发展，围绕自身实际，持续加大创新研发投入，完善创新体制机制，让广州港不断向信息化、智能化转型。集团于近年来提出了以广州港为核心，粤东、粤西港口为两翼，“珠江—西江”内河港口为支撑的“一核两翼多支撑”的港口群联动协同发展新战略，为我国海洋经济可持续发展提供了坚实的基础战略。

未来，广州港集团将为构建起面向世界、对接港澳、联通西江、服务全球的港口服务体系而不懈奋斗。

V

海洋经济焦点编

一、蓝色金融支持广东海洋经济高质量发展的对策分析①

海洋蕴藏着人类可持续发展的宝贵财富，是融入国家重大战略的重要资源，是高质量发展的战略要地，是经济社会发展的重要载体，也是广东区位优势和战略地位的主要依托。因此，广东无论从国家层面还是自身发展出发，都应重视海洋经济发展的金融服务问题。当前，海洋生态系统正面临海洋酸化、污染物排放、塑料垃圾、渔业过度捕捞、物种多样性减少等严峻危机，加强海洋治理已经得到国际社会的普遍认同。海洋产业具有投资大、周期长、风险高的特点，一般银行不给予资金支持，海洋经济发展面临巨大的资金压力。服务于海洋经济的蓝色金融这种利用多样化的金融手段解决环境与社会问题、推动可持续发展的新型金融工具，受到了投资者与政策制定者的普遍关注。近年来，我国涉海金融不断发展壮大，发挥着“蓝色经济引擎”作用，为我国海洋经济高质量发展提供了源源不断的新动能。作为海上丝绸之路的发源省份，广东探索发展蓝色金融，顺应国家金融改革开放创新方向，符合广东建设现实要求，有利于拓展海洋经济活动、维护海洋权益，助推广东绿色、低碳转型发展，切实践行“绿水青山就是金山银山”的发展理念，为国家海洋强国战略注入创新金融力量。

（一）广东海洋经济与蓝色金融发展的基础

蓝色金融作为一种开放的创新金融体系，包含了多元化的融资渠道、多样化的风险控制工具和金融产品，能够为涉海企业提供投融资、结算、风控、保险、信息等全方位的金融服务，在海洋产业结构调整和经济发展方式转变中积极发挥资本的良性引导作用，使海洋经济朝着高附加值、绿色环保、可持续的方向发展，形成以产品创新为“兵器”、服务创新为“内功”、流程创新为“脉络”的蓝色金融新系统。

---

① 本文作者为广东财经大学海洋经济研究院崔宇。

1. 政府高度重视海洋经济的发展

如何推动海洋经济高质量发展，是新时期我国从海洋大国迈向海洋强国需要思考的重要课题，党中央、国务院高度重视我国海洋经济的发展。2018年1月，中国人民银行、国家海洋局、国家发展改革委等八部门联合印发《关于改进和加强海洋经济发展金融服务的指导意见》，作为国家首个金融支持和服务海洋经济发展的综合性、纲领性文件，其出台标志着海洋经济发展金融政策支持体系初步确立。2019年12月，中国银保监会发布《关于推动银行业和保险业高质量发展的指导意见》提出，积极发展绿色金融，探索蓝色债券等创新型绿色金融产品。

近年来，广东省着力强化政策供给，协同推进海洋绿色产业基金等金融服务方式创新，引导金融服务实体海洋经济，在金融支持海洋经济发展方面具有一定的先进性、代表性。2021年12月发布的《广东省海洋经济发展“十四五”规划》提出，将积极争取以深圳前海为中心创建“中国蓝色金融改革试验区”，加快发展蓝色金融产业，鼓励有条件的银行业金融机构设立海洋金融事业部，开展海域、无居民海岛使用权和在建船舶、远洋船舶等抵押贷款、质押贷款，探索海洋生态产品经济价值实现机制、推动设立国际海洋开发银行等。在一系列政策的支持下，蓝色债券、蓝色贷款等现代涉海金融工具方兴未艾，有效促进了海洋经济高质量发展，为我国建设海洋强国提供持续动力。

关于加强海洋金融服务的标志性政策文件，详见表5－1。

表5－1　关于加强海洋金融服务的标志性政策文件

年份	发布机构	文件名称
2014	国家海洋局、国家开发银行	《关于开展开发性金融促进海洋经济发展试点工作的实施意见》
2018	中国人民银行等	《关于改进和加强海洋经济发展金融服务的指导意见》
2018	国家海洋局	《关于海域、无居民海岛有偿使用的意见》
2018	国家海洋局、中国农业发展银行	《关于农业政策性金融促进海洋经济发展的实施意见》
2019	中国银保监会	《关于推动银行业和保险业高质量发展的指导意见》
2021	广东省人民政府	《广东省海洋经济发展“十四五”规划》
2022	中国银保监会	《银行业保险业绿色金融指引》

2. 广东海洋经济高质量发展稳步推进

在一系列新型海洋金融服务方式的支持下，“十四五”时期广东立足“四个走在全国前列”发展定位、围绕全省“一核一带一区”发展格局，加快建设现代化沿海经济带，有力推动了粤东、粤西地区海洋经济发展，全省海洋经济发展成效显著。

据初步核算，2021 年，广东省海洋经济生产总值达 19941 亿元，同比增长 12.6%，占地区生产总值的 16.0%，占全国海洋生产总值的 22.1%。省级促进经济高质量发展专项（海洋经济发展）共支持海洋电子信息、海上风电、海洋工程装备、海洋生物、天然气水合物、海洋公共服务六大产业共 32 个项目，经费总额 2.91 亿元。其中，全省海洋电力业增加值 46 亿元，同比增长 81.5%。海上风电项目新增投资超 700 亿元，完成年度投资计划的 167.8%，截至 2021 年年底，全省共有 21 个海上风电项目实现机组接入并网，累计并网总容量突破 650 万千瓦。海洋金融产业发展步伐加快，国家开发银行广东分行发放涉海贷款 64 亿元，支持了海上风电、海洋化工、海洋基础设施、海洋运输等一批项目建设。① 2021 年省级促进经济高质量发展专项（海洋经济发展）资金支持情况，详见表 5 – 2。

表 5 – 2　2021 年省级促进经济高质量发展专项（海洋经济发展）资金支持情况

产业类别	项目（个）	经费总额（万元）	已验收的项目申请专利（项）	软件著作权授权（项）
海洋电子信息	6	4500	13	6
海上风电	5	7000	9	/
海洋工程装备	6	9000	6	3
海洋生物	7	3000	96	1
天然气水合物	4	4000	65	5
海洋公共服务	4	1600	33	20
合计	32	29100	222	35

数据来源：《广东海洋经济发展报告（2022）》。

---

① 数据来源：《广东海洋经济发展报告（2022）》。

3. 绿色信贷规模持续扩大

在全球绿色金融业发展中，中国扮演着重要的角色，截至2021年年末，中国本外币的绿色贷款余额已经接近16万亿元，存量规模居全球第一位，中国境内绿色债券发行量也在全球居于前列。[①] 自2016年以来，广东省政府出台了一系列相关政策来指导绿色金融体系的构建、推动绿色金融项目实施，积极推进海洋领域资本市场的债券、股票、保险对海洋经济发展的支持，通过一系列的贷款、债务机制和投资，有力支持了疏港公路、铁路、渔港、海洋工程装备制造、海洋综合旅游等涉海项目建设，鼓励绿色项目发展。2021年，广东主要银行机构绿色信贷余额9594亿元，同比增长超30%，逐渐由“高速发展”向“平稳发展”转变，为海洋经济的蓬勃发展提供了资金支持。截至2021年年末，以“绿色”“环保”“低碳”“环境”“清洁”“可持续”为关键词在中国证券投资基金业协会官方产品公示平台进行搜索，结果显示，2009—2019年，珠三角九市总计发行绿色基金141只。2017—2021年广东辖内主要银行机构绿色信贷余额，详见图5-1。

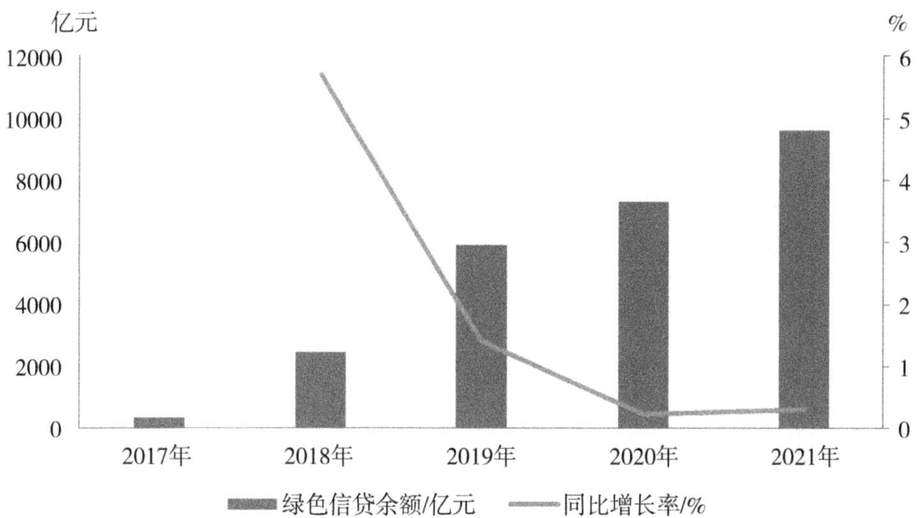

图5-1 2017—2021年广东辖内主要银行机构绿色信贷余额

数据来源：根据广东银保监会公布数据以及公开资料整理。

① 数据来源：中国人民银行。

（二）广东发展蓝色金融存在的问题和阻碍

1. 我国蓝色产业、蓝色债券目录有待出台

对比绿色金融近十年来的发展，不难发现蓝色金融仍然处于萌芽状态。以我国相关政策为例，绿色金融已有一系列完善的政策指引。2016 年出台的《关于构建绿色金融体系的指导意见》确定了绿色金融发展的顶层设计，《绿色产业指导目录（2019 年版）》是中国目前关于界定绿色产业和项目最全面、最详细的指引，2021 年更新的《绿色债券支持项目目录》适用范围包括了境内所有类型的绿色债券。相比之下，蓝色金融目前仍处于顶层设计阶段。2018 年发布的《关于改进和加强海洋经济发展金融服务的指导意见》是中国首个蓝色金融相关的纲领性文件，初步确立了海洋经济发展金融政策支持体系，具体的蓝色产业、蓝色债券目录仍然有待出台。蓝色金融与绿色金融体系的区别，详见表 5－3。

表 5－3　蓝色金融与绿色金融体系的区别

	绿色金融	蓝色金融
对象	主要基于陆地经济发展	主要针对海洋经济
边界	政策与投资项目的地理边界相对清晰	生物、污染物等流动性较强，不受制于法律界定的边界
权责	各类项目有对应的行业和管理部门，权责相对清晰	各类项目难以对应现有的行业和部门，权责划分更复杂
依据	已有成熟的经济目录（如中国《绿色债券目录》、欧盟《分类法》等）	尚无成熟的经济目录，需要专门发展
工具	已有 ESG 整合、风险和机遇分析等工具指南	仍需发展相应的 ESG 风险分析等工具指南

资料来源：根据公开资料整理。

在相对成熟的绿色金融体系中，长期发展的陆地经济已经形成了不同行业、不同经济活动的管理部门、管理机制和市场工具，海洋的外部性更大、责任划分更加复杂，仅从绿色金融中做“摘取”无法与海洋经济的责权要求完全对接，也无法满足蓝色金融的发展需求。因此，我国金融界有必要发展专门的蓝色经济目录，以支持海洋经济的可持续发展。目前，在目录标准、工具指南和风险与机遇的分析上，国际国内在蓝色金融的大框架上已有初步

探索和研究，还需进一步发展细化的项目目录与指导工具，明确海洋相关项目的权责界限，推动更多蓝色金融项目落地，从而切实支持海洋经济的可持续发展。

2. 蓝色债券标准及认定流程需完善

与国际发行主体相比，我国已发行的蓝色债券期限相对较短，发行利率显著较低，在资产定价中蓝色金融溢价效应初步显现。推动蓝色债券的发展，激发蓝色债券发行潜力，需要政府加强顶层设计，推进建立蓝色债券规则体系，引导资金流向蓝色经济领域。

蓝色债券的发行存在融资成本、时间成本较高等问题。蓝色债券可支持的项目往往为基础设施建设，资金需求量大、回报期长，当前蓝色债券在评估认证、材料审核和信息披露等方面要求远高于普通债券，发行过程中的成本压力较大。根据银行间市场的相关要求，蓝色债券发行主体需获得信用评级机构的评级，提供由绿色评估机构开具的认证报告、法律意见书、审计意见书等相关资料，如果是初次发债的企业，还需向交易场所缴纳相关注册费用，不利于鼓励不同主体投身蓝色经济建设。

3. 蓝色基金市场化运作受限

海洋产业投资基金的投资范围受产业和区域的双重限制严重，现阶段，我国海洋经济的管理机构多由基金发起机构成立，大多数金融机构和项目主体之间仍缺乏信息互通的桥梁，与专业投资机构或者基金管理机构的合作有待深化，信息交流的障碍使投资项目的选择更加困难，需要基金支持的海洋产业受益不足。管理机构的管理力量以国有企业、政府相关单位人员为主，缺乏具备金融投资与海洋产业背景的综合性人才，阻碍了蓝色基金的高效率市场化运作。

（三）国内外发展蓝色金融的经验

蓝色金融不仅在概念和体系上以绿色金融为参照，在方法和原则上也直接依托绿色金融已有的框架，两者采用的具体措施也基本一致，如推动相关的主题投资、发行蓝色债券、设立蓝色贷款等。2021 年 11 月，国际金融中心（IFC）公布了《蓝色金融指引》（1.1 版本），该指引提出了更加丰富的蓝色金融框架，详见表 5 – 4。

表5－4 《蓝色金融指引》内主要蓝色内容诠释

蓝色概念	内容诠释
蓝色经济（Blue Economy）	对海洋资源的可持续发展利用，旨在促进经济增长、改善生存条件和社会就业等，同时要维系海洋生态圈和水资源的健康
蓝色金融（Blue Finance）	对海洋保护和改善水资源管理等活动提供融资和再融资的投资活动总和
蓝色信贷（Blue Loan）	专属服务海洋保护和改善水资源管理等融资和再融资相关的信贷业务
蓝色债券（Blue Bond）	专属服务海洋保护和改善水资源管理等融资和再融资相关的固定收益工具

1. 蓝色基金与蓝色债券

蓝色基金不仅可以通过募捐来援助海洋可持续经济，也可以接收市场资金、投资相关行业并获得回报。2018年，世界银行发起的蓝色基金PROBLUE是一种伞式多方捐助者信托基金（MDTF），通过多渠道、协调一致的执行方式，重点支持全球不同地区四个关键领域的技术创新和政策工作：一是确保渔业和水产养殖管理部门的长期可持续性；二是海洋污染治理，包括海洋塑料与垃圾处理；三是关键海洋部门的可持续发展，包括旅游、海上运输及海上可再生能源产业等；四是提升政府海洋综合管理能力，支持应对气候变化解决方案项目。目前，PROBLUE不接受私营部门、非政府组织或学术界的资金申请，其资金使用方多数为主权国家或特定地区机构。

相比之下，蓝色债券则是一种更加市场化的方式。根据世界银行的定义，蓝色债券是“由政府、开发银行或其他机构发行的债务工具，向社会企业投资者筹集资金，为具有积极环境、经济和气候效益的海洋和基于海洋的项目提供资金”。在国际实践中，蓝色债券的主要类型包括主权蓝色债券、金融蓝色债券、非金融蓝色债券等。我国尚未发行具有主权性质的蓝色债券，目前的发行主体主要是金融机构和相关企业。2020年11月，中国境内第一只非金融企业蓝色债券由青岛水务集团发行，发行规模3亿元，由兴业银行承销，用于海水淡化项目建设。2018—2022年，全球范围内蓝色债券发行情况，详见表5－5。

表 5-5 2018—2020 年全球范围内蓝色债券发行情况

年份	债券类型	发行机构	募集金额及资金投向
2018	超国家组织蓝色债券	世界银行	计划在 7 年内筹集 30 亿美元资金，用于提升公众对于海洋和水资源的认识
	主权蓝色债券	塞舌尔政府	募集资金 1500 万美元用于扩建该国海洋保护区、改善重点渔业的管理及发展蓝色经济
2019	金融企业蓝色债券	北欧投资银行	募集资金 20 亿瑞典克朗（约合 2.07 亿美元）用于投资水资源管理和保护项目
2020	金融企业蓝色债券	中国银行	包括 3 年期 5 亿美元和 2 年期 30 亿元人民币两个品种，用于支持中行已投放及未来将投放的海洋相关污水处理项目及海上风电项目等
	非金融企业蓝色债券	青岛水务集团	发行规模 3 亿元，期限 3 年，募集资金用于海水淡化项目建设

2. 山东省蓝色金融体系建设经验

2011 年 1 月，《山东半岛蓝色经济区发展规划》获批，“蓝区”建设上升为国家战略，山东半岛蓝色经济区成为我国第一个海陆统筹的蓝色经济发展示范区。在中央财政资金的支持下，山东结合半岛蓝色经济战略，推动陆域经济逐渐延伸到海洋经济，积极撬动金融资源助力海洋经济创新发展。2012 年，山东使用财政资金设立了多元化的海洋产业投资基金，重点投向海洋战略性新兴产业，成功扶持一批海洋经济领域内创新型科技企业上市，如正海生物、步长制药等。2016 年，设立知识产权质押融资风险补偿基金，主要用于建立海洋科技成果转化贷款的风险补偿机制，引导合作金融机构加大对海洋科技成果转化项目的信贷支持力度，推动金融机构支持海洋科技创新，使海洋经济发展步伐不断加快。2022 年，山东首只海洋人才发展基金落户，成功支持了海洋经济领域科技创新发展，进一步巩固提升了青岛海洋科技创新能力，助力青岛打造引领型现代海洋城市。

山东在金融与财政创新型合作支持下，海洋强省建设扎实有力。2021 年，山东海洋经济生产总值达 1.49 万亿元，对国民经济增长的贡献率达 19.7%，占地区生产总值的 18%，占全国海洋生产总值的 16.5%，海洋生产总值稳居全国第二位。省部共建国家海洋综合试验场（威海）挂牌运行，国家深海基因库、国家深海大数据中心、国家深海标本样品馆、中国海洋工程研究院落户青岛。海洋经济高质量发展，山东已建海水淡化工程41个，日产能达45.1万吨；新增国家级海洋牧场示范区5处，累计达到59处，占全国的39.3%。沿海港口全年完成货物吞吐量17.8亿吨，集装箱吞吐量3446万标准箱，比上年分别增长5.5%和8.0%；集装箱航线、外贸航线总量分别达到313条和221条，航线数量和密度均居我国北方港口首位。海洋科技创新加速起势，累计建成全省技术协同创新中心124家、现代产业技术创新中心156家。

3. 浙江省蓝色金融体系建设经验

浙江围绕创新型海洋金融组织模式推动海洋经济的高质量发展，建立了“政府+银行”“股权+债权”“银行+债券”等合作机制与模式。当前浙江海洋经济正处于加快发展的关键期，对金融支持的需求十分迫切，也为蓝色金融的发展提供了广阔空间。2012年以来，浙江通过建立“政府+银行”合作机制、共设海洋经济金融服务中心，宁波、舟山等地多次与银行签订战略合作协议，获取海洋物流金融、海洋临港金融、海洋绿色金融等服务；银行与政府、创投机构、资产管理公司合作组建各类产业基金，通过“股权+债权”相结合的模式，支持海洋经济领域优质企业设备升级、技术研发和上市融资；拓展“银行+证券”合作机制，支持相关企业开展资产证券化，为大批船舶、远洋渔业、水产加工、生物医药等海洋企业租赁新设备提供金融支持。

4. 福建省蓝色金融体系建设经验

福建在金融支持和推动海洋经济高质量发展方面推出了多项举措，具体来看，主要采取以下措施：①运用财政资金分散海洋金融服务的风险，由政府投入风险保证金，与商业银行展开协同合作，解决涉海中小企业融资难的问题。例如，2013年，福建省投入5000万元省级财政资金与银行机构合作，共同开展现代海洋产业中小企业助保金贷款业务，推动海洋科技创新型企业贷款保证保险业务试点，有效分散了银行开展海洋金融服务的风险，改善海洋经济领域内中小企业融资环境。②财政出资，协同龙头企业、商业银行设立海洋产业创投基金，专项支持优质企业发展。例如，2017年，福建省政府提供财政资金5000万元，引导福建省投资开发集团、福建海峡银行等社会资本，共同参与设立福建省远洋渔业产业基金，总规模10亿元，用于支持远洋渔业发展。③与金融企业合作，成立海洋产权交易服务平台，推进海洋资源市场化配置、创新海洋产权交易及管理机制。2017年，福建成立“福建海洋产权交易服务平台”，逐步开展了海域使用权、无居民海岛使用权、海洋排污权、海洋知识产权等业务。该平台具有交易、海洋产品定价、投融资、信息平台等功能，通过金融盘活海洋资产，提升涉海产权流转便利化。④设立专项海域生态补偿金，用于对海洋生态环境的保护、修复、整治和管理。例如，厦门市自2016年起推出的“海洋助保贷”产品、2017年福建省设立的中国海洋发展基金会海峡资源保护与开发专项基金等，重点用于治理、修复海域生态环境。

在上述蓝色金融具体实践的基础上，《福建省人民政府关于印发加快建设“海上福建”推进海洋经济高质量发展三年行动方案（2021—2023年）的通知》强调，继续强化全方位的金融支持，以保障海洋经济高质量发展。2022年以来，人民银行福建省东山县支行将推进海洋经济高质量发展的金融服务需求有效结合起来，针对性开展“贷兴百业，海富万民”“蓝色金融”专项行动；面向“三农”的中国邮政储蓄银行福建云霄县支行则大力推广“小康贷”，因地制宜地制定适合当地养殖产业发展的金融服务方案等。福建宁德农商银行深耕海洋经济、赋能文旅经济，在信用评定、特色经营上创新，创建全国首批海上信用渔区，设立了全国首家“蓝色专营支行”，组建海上金融服务队，探索建立“蓝碳”金融对接模式等。

5. 国际蓝色金融体系建设经验

目前，我国蓝色金融发展相对国外来说有点滞后，蓝色金融的相关概念尚未界明，蓝色金融的规则体系仍然存在空白。过去，由于涉及海洋相关的投资项目风险高、金额要求大等问题，我国中小涉海企业普遍存在融资难的现象。对中国海洋经济而言，创新的融资解决方案是加强海洋保护、沿海治理和增加清洁水资源的关键，而蓝色金融在帮助实现这些目标方面潜力巨大，比如“蓝色贷款”的贷款资金需专款专用，投入特定的水资源永续、海洋资源永续、纯净水资源供应、海洋友善产品、海洋生态保育等蓝色项目。因此，在基于国际关于蓝色金融相关经验的基础上，我国对蓝色金融的发展可以软硬法兼施、国内外并举，以现有的绿色金融制度框架作为参照，在公共部门的主导下进一步促进公私合作模式的创新。

（四）广东省蓝色金融体系建设对策建议

1. 加强引导，发挥政策联动效应

一是整合现有政策。强化深圳市全球海洋中心城市发展委员会的统筹协调功能，打造“一站式”政策目录，建立督办机制和考核指标，提升政策执行水平；适时出台海洋绿色金融相关文件，以点带面打好海洋绿色金融发展的政策“组合拳”。二是放大财政支持功能。加快设立海洋产业发展基金，研究设立海洋绿色金融子基金，争取撬动国家绿色发展基金等上级基金支持，充分发挥财政资金联动放大作用，广泛吸引社会资本投入，有效增加海洋绿色金融领域资本供给。

2. 建设市场，激发微观主体活力

一是以前海为突破口，结合海洋战略新兴产业科技集聚区、大空港海洋新城等四大片区功能定位，推动涉海企业、绿色金融机构、科研单位在前海集聚，强化深港合作，创建“中国蓝色金融改革试验区”。二是建设面向全球的海洋绿色金融市场。加快涉海绿色基金、债券、股权融资、基础设施不动产投资信托基金（REITs）等金融市场建设，推动设立国际海洋开发银行，对接深交所和上交所南方中心等资本交易平台，积极发展蓝碳交易、探索涉海绿色资产跨境转让，支持涉海企业在境内外多层次资本市场上市、发行债务融资，引导各类资本加大对涉海企业的股权投资。三是鼓励海洋绿色金融产品创新。鼓励政策性银行、商业银行、基金、保险机构等金融机构设立海洋金融事业部，研究海洋绿色金融相关评估定价方法，发展蓝碳领域绿色金融及其衍生品，开发涉海绿色信贷、绿色债券、绿色保险，挖掘提炼海洋绿色金融产品案例。

3. 科学评估，抢占标准制定先机

一是完善绿色标准体系。按照“国内统一、国际接轨”的原则，加快构建覆盖基金、证券、信贷、环境权益等市场的统一海洋绿色金融产品标准，积极参与国际标准的研究和制定，推动国内海洋绿色金融体系与国际市场深度融合和相互认证。二是设计海洋金融评估指标。借鉴全球金融发展指数（GGFI）、兴业绿色景气指数（GPI），研究设计海洋绿色金融评估指标，定期对深圳乃至粤港澳大湾区的海洋信贷量、蓝色债券发行量、涉海上市企业市值、海洋产业基金规模等进行统计评估，充分掌握海洋绿色金融发展状况。三是加快构建现代信息披露制度。利用深港通机制，以香港联交所《环境、社会及管治报告指引》为基础，制订两地互认的环境、社会与治理（ESG）指标，探索建立统一发布绿色项目清单、认证目录和交易信息的绿色金融共享信息系统，引导涉海企业定期披露绿色项目信息，降低逆向选择和道德风险。

4. 技术赋能，强化管理支撑服务

一是建设多部门协同的海洋金融监管系统。运用大数据、人工智能等科技手段建立数据上报、共享、监测的跨部门系统，提升绿色金融业务数据报送、统计分析效率，合理设定指标阈值和数据录入核验机制，相关指标数据达到一定范围即自动触发预警机制，启动风险暴露应对预案和监察执法准备。二是打造海洋绿色金融区块链平台。探索建立区块链平台，通过使用耦合各方上链数据，验证交易有效性和评判投资项目绿色水平，实时监测项目运行，记录真实业绩数据和相应的信用等级，以降低信息不对称带来的交易成本，提高涉海绿色金融市场的透明度和效率。三是推进涉海绿色项目数字化管理。研究搭建海洋金融项目申请、审批、评估平台，通过信息技术实现涉海绿色金融项目的识别筛选，对项目二氧化碳减排量、二氧化硫、氨氮浓度、折合标煤、化学需氧量（COD）和生化需氧量（BOD）等环境指标进行精准核算，缩短审批流程，提升评估效率，实现项目数字化管理。

5. 人才驱动，促进要素集聚交流

一是注重人才培养和选拔。加大海洋、金融、环保、能源等方面的人才培养力度，合理设置学科专业及人才培养方案，强化与智库、绿色金融机构、涉海企业之间的合作，共同培养复合型人才。二是强化人才集聚和组织。依托海洋高技术产业基地和科技兴海基地、大学科技园工程中心、行业协会等，推动建立以企业为主体的产学研联盟、研发组织、技术平台和创新团队，促进海洋和绿色金融人才集聚，支持深圳高校、科研机构、海洋企业与香港创新创业主体合作组建人才共同体，将不同领域、不同地域、不同部门的人才组织起来。三是畅通人才交流网络。畅通海洋领域与绿色金融领域的人才交流，建立常态化交流互动机制，增进海洋领域和绿色金融领域人才的合作，以人才带动技术、资本、产品的跨领域迁移和创新。

（五）结语

海洋对人类的生存至关重要，蓝色经济也是全球经济的基石。广东作为海洋经济强省、金融大省，面临着海洋产业发展变化中新生的金融需求，需要在现有金融体系的基础上进行海洋经济转型升级，建设适应和支撑当地海洋经济发展的现代海洋金融体系，进一步推动海洋经济高质量发展。

二、粤港澳大湾区海洋协同创新特征与演化机制分析①

2020年，我国海洋生产总值达8万亿元，约占沿海地区生产总值的15%，海洋经济已成为我国经济的重要组成部分，极大地拓展了我国经济的生长空间，是我国经济发展的另一增长极。发展海洋经济，建设海洋强国，是解决我国资源问题、环境问题、供求问题的重要途径，也是提升我国战略竞争力、维护我国海洋权益的重大举措。习近平总书记指出，“海洋是高质量发展战略要地，要加快海洋科技创新步伐，提高海洋资源开发能力，培育壮大海洋战略性新兴产业”②，从海洋资源的开发利用到海洋战略新兴产业的培育，再到海洋生态文明的建设与海洋的综合治理，无不严重依赖于整个知识系统的升级与高新技术的支撑，海洋科学技术在海洋经济发展中有着举足轻重的作用。同时，在后疫情时代，我国海洋产业面临市场收缩、供需脱节、“卡脖子”等问题的严峻考验，更需要以海洋科技创新为主导，坚持推进海洋经济高质量发展。

在区域实行创新战略的过程中，常常会遇到创新绩效与区域平衡的问题。创新要素集聚是提高创新绩效的关键因素，尤其在我国创新资源短缺、关键技术无法独立自主的情况下，更需要集中力量办大事。然而，创新需求对于区域各个部分来说都是迫切的，创新要素的集聚使边缘区域的创新能力受到削弱，这些区域的发展能力受到限制，最终导致区域差距的扩大。同时，创新要素的过度集中也容易导致眼界狭窄、技术重复等问题，在一定程度上也会给创新效率带来负面作用。区域协同创新是指区域间的各种创新主体（如企业、高校、研究院所等）通过交流、互动、合作等活动来组织协调

① 本文作者为广东财经大学海洋经济研究院熊杰。

② 《向海图强走向深蓝》，载《烟台日报》2019年3月8日第4版。

各种或分散，或集聚的创新要素的方式，是解决创新要素分布不协调产生的效率与公平问题的重要途径。一方面，区域协同创新能促进知识溢出，发挥各自创新禀赋，提高创新效率；另一方面，创新合作能促进创新要素流动，创新成果在一定程度上是共享的，这样能降低创新要素不平衡的负面影响。因此，解构区域海洋创新合作的现状，研究海洋区域协同创新的机制特征，对海洋科技进步和海洋经济高质量发展有着重要的意义。

（一） 城市群海洋协同创新网络的原理及构建

1. 城市群海洋协同创新网络原理

城市群协同创新过程是城市创新载体以创新能力为基础，不断强化各种创新要素联系与流程优化整合的自组织过程。城市间创新能力禀赋的比较优势是协同创新发生的内在驱动力，表现为中心城市基于其集聚、整合、转化和配置创新要素所发挥的“领导力”，以及边缘城市接收、运用创新要素的“服从力”，社会邻近性是其影响因素。21 世纪以来，演化经济地理学和复杂系统理论的研究成果为创新系统的研究提供了全新的分析框架，其中的复杂网络理论和“流空间”思想同协同创新的内涵高度契合，通过构造创新网络来研究协同创新系统的特征与演化机制已成为学术界普遍认同的研究范式。

2. 粤港澳大湾区城市群海洋协同创新网络的构建

城市群协同创新网络模型是描述由城市创新能级地位决定的城市群成员之间创新合作关系的特征及其结构形态，以实现揭示城市群协同创新发展机制与演化动力模式的社会复杂网络模型。城市群协同创新网络的点表示城市群的具体城市成员；城市群协同创新网络的边表示对应城市之间存在创新合作强关系。本部分内容选取粤港澳大湾区城市群的珠三角九市和港澳两地共 11 个城市作为海洋创新合作网络的节点城市，基于 2008 年以来 Web of Science 数据库内粤港澳大湾区城市群海洋领域相关论文合著数据，以每年合著论文量为网络的边，构建粤港澳大湾区海洋协同创新网络。运用社会网络分析法，对粤港澳大湾区海洋协同创新网络的拓扑结构、网络密度、网络中心性定量测度与分析，从整体网、个体网两个维度展开探讨，揭示网络的特征及演化过程，并利用 QAP 分析城市间海洋创新合作活力的影响因素，为粤港澳大湾区海洋区域协同创新活力的提升提供一定的参考。

（二）粤港澳大湾区城市群海洋协同创新网络整体结构

1. 网络空间结构

本文利用 ArcGIS 软件对粤港澳大湾区海洋协同创新网络进行可视化分析。2008 年和 2012 年网络结构呈现出以广州为中心向四周辐射的单核结构，广州以外的其他城市两两之间缺乏联系，创新合作的总量较低，同时这四年间网络结构变化不大，创新网络的发展较为缓慢，合作创新活力未被激发。自 2012 年我国实施海洋强国战略后，海洋创新活力有了较大的提升。城市间的联系逐渐增加，合作量明显上升，珠海、澳门的海洋创新优势初步显现，初步形成围绕珠江入海口，以广州为主轴，深港、珠澳为两翼的三角形湾区海洋城市群结构形态；同时，深圳和香港的海洋创新合作联系强度也实现了从中等联系到强联系的跃升。2016—2020 年是广东确立海洋强省战略、海洋经济进入高质量发展转型的阶段，也是粤港澳大湾区建设的阶段，区域内海洋创新资源进一步集聚，各类要素流动更加畅通，海洋创新合作网络无论是从网络的密度还是联系的强度上都有显著提升，城市间的创新合作联系更加广泛和密切。珠海正式成为珠江西岸海洋创新中心，粤港澳大湾区海洋区域协同创新的“三足鼎立”之势正式形成；同时，广深港澳科技创新走廊在海洋创新合作网络的视角下也得以体现。然而，粤港澳大湾区海洋创新网络并未完全形成环形结构，边缘节点之间联系较少，城市创新合作还有进一步的提升空间。

2. 整体网络密度

利用粤港澳大湾区城市群海洋知识联系矩阵的二值处理结果进行网络密度的测算，得到 2008 年、2012 年、2016 年、2020 年粤港澳大湾区海洋创新合作网络的 4 年网络密度，定量描述粤港澳大湾区城市群海洋创新合作紧密程度。从表 5 - 6 可以看出，2008—2020 年粤港澳大湾区的城市在海洋领域的论文合作方面有了显著的提升，从 2008 年仅有 14 对城市之间存在海洋创新合作发展到 2020 年的 31 对，提升率达 121%；从每 4 年一个跨度的 4 个阶段来看，2008—2012 年，网络密度的增长处于较为缓慢的水平，表明这段时期大湾区城市间海洋知识的碰撞较少，联系程度不足，侧面体现出此阶段经济结构重陆轻海的问题。2012 年，党的十八大报告首次提出“海洋强国”的战略，我国海洋事业翻开新篇章，2012—2016 年海洋创新合作网络密度增加 26.4%，反映出大湾区城市群海洋创新联系也随着海洋经济的崛起而越加紧密。2016—2020 年，粤港澳大湾区城市群海洋创新合作网络密度增加到 63.5%，体现出我国海洋政策的巨大成效和粤港澳大湾区建设带来的城市间的强大连通性。

表 5－6　粤港澳大湾区城市群海洋知识创新合作网络密度

年份	关联关系总数	网络密度	变化幅度
2008	28	0.255	—
2012	30	0.273	0.070588
2016	38	0.345	0.263736
2020	62	0.564	0.634783

（三）粤港澳大湾区城市群海洋协同创新网络中心性分析

1. 度数中心度

从总体看，大湾区各个城市的度数中心度（详见表 5－7）都逐年上升，但区域间存在较为严重的不平衡问题。从 2008 年到 2020 年，广州“一骑绝尘”，一直保持遥遥领先的地位，原因可能在于海洋论文的合作主体主要是中山大学等高等院校和国家海洋局等政府部门，这些机构大多设立在广东省省会广州（设立政府分支机构），充分体现出广州的科技教育文化中心功能和国家中心城市和综合性门户城市的引领作用。香港和深圳紧随广州之后，也长期处于高位，是粤港澳大湾区海洋知识交流与合作的次中心。珠海、澳门在粤港澳大湾区建设前处于中间地带，而在《粤港澳大湾区发展规划纲要》发布后，二者的海洋知识联通能力大幅提升，珠海尤为明显，其 2020 年的度数中心度已超过深圳，成为粤港澳大湾区海洋创新合作网络的第四个中心城市，主要原因是：在此期间，珠海的南方海洋科学与工程广东省实验室与包括香港、澳门、广东等地的 41 家高等院校、研究机构签订合作共建协议，引进了珠海复旦创新研究院、华南理工大学珠海现代产业创新研究院等科技创新平台，产学研合作协议的签订及创新平台的建立发挥了巨大的作用。此外，肇庆、江门、中山的度数中心度则持续处于低位，属于网络结构中的边缘地带，主要原因是海洋经济发展不足、缺乏足够的政策支持等，从而与其他城市相比在海洋领域的联通创新活力较低。

表5－7　大湾区各城市度数中心度

排序	2008年		2012年		2016年		2020年	
1	广州	94.00	广州	122.00	广州	212.00	广州	663.00
2	香港	50.00	香港	68.00	香港	165.00	香港	409.00
3	深圳	33.00	深圳	49.00	深圳	161.00	珠海	352.00
4	珠海	7.00	东莞	10.00	珠海	40.00	深圳	305.00
5	澳门	6.00	珠海	9.00	澳门	39.00	澳门	80.00
6	东莞	4.00	佛山	7.00	佛山	10.00	东莞	39.00
7	惠州	2.00	澳门	4.00	惠州	8.00	佛山	23.00
8	肇庆	2.00	惠州	3.00	东莞	6.00	惠州	19.00
9	江门	2.00	中山	2.00	中山	4.00	中山	6.00
10	佛山	1.00	江门	2.00	江门	2.00	江门	6.00
11	中山	1.00	肇庆	0.00	肇庆	1.00	肇庆	6.00

2. 中间中心度

表5－8计算结果显示，一方面，各城市的中间中心度分布不均，除了几个核心城市之外，大部分城市都处于中间中心度为0的阶段，表明非核心城市间在海洋创新的合作方面并未形成直接有效的合作机制，主要还是依靠广州、深圳、珠海、香港四个核心城市作为“中间人”达到与其他城市的创新联系；另一方面，虽然中间中心度总体上处于不均衡的状态，但网络结构是朝着优化的方向发展的，比如，广州的中间中心度总体上呈下降趋势，表明各城市不再只能通过广州来和其他城市产生海洋知识联系，越来越多的城市突破了中间中心度0的界限，成为海洋知识传递的中介者，且数值逐渐增加，地位不断提高。值得注意的是，在发展的过程中，香港逐渐失去“中介者”的身份，可能是长期以来的社会文化差异与合作替代者的产生所致。而珠海从2016—2020年逐渐成为重要的海洋知识交流支撑点，其中很多论文合作成果都来自粤港澳大湾区基础设施建设项目的合作，如港珠澳跨海大桥项目等。可见，粤港澳大湾区的建设对区域间人才、技术、知识的交流产生了积极的作用。

表 5－8　大湾区各城市中间中心度

排序	2008 年		2012 年		2016 年		2020 年	
1	广州	40	广州	27.5	广州	32.67	广州	15
2	香港	0.5	深圳	1.5	深圳	2.67	深圳	3.167
3	深圳	0.5	香港	1	珠海	0.67	珠海	3.167
4	澳门	0	澳门	0	香港	0.00	澳门	1.333
5	珠海	0	珠海	0	澳门	0.00	佛山	1.333
6	佛山	0	佛山	0	佛山	0.00	香港	0
7	东莞	0	东莞	0	东莞	0.00	东莞	0
8	惠州	0	惠州	0	惠州	0.00	惠州	0
9	中山	0	中山	0	中山	0.00	中山	0
10	肇庆	0	肇庆	0	肇庆	0.00	肇庆	0
11	江门	0	江门	0	江门	0.00	江门	0

3. 接近中心度

本部分对粤港澳大湾区海洋知识联系矩阵进行计算，得出 2008 年、2012 年、2016 年、2020 年大湾区 11 个城市的海洋知识联系接近中心度。从表 5－9 可知，虽然总体上粤港澳大湾区城市群各城市的接近中心度不断上升，湾区海洋知识联系不断紧密，创新合作日益频繁，但是仅有广州达到了 100 的接近中心性，其他城市在网络中不具备完整的通达性，这显示出大湾区的海洋知识创新合作对广州的依赖性极强，不能脱离广州而独立发展。除广州外，深圳、珠海、澳门、佛山和东莞的接近中心度上升较快，这些城市在粤港澳大湾区的建设中，得益于交通的便利、人才的流动和政策的扶持，通过各种创新合作平台和重点工程项目，与其他城市产生了广泛的海洋创新联系。但香港的接近中心度增长缓慢，与其他城市间的联系逐渐疏远。

表5－9　大湾区各城市接近中心度

排序	2008年		2012年		2016年		2020年	
1	广州	100.00	广州	90.00	广州	100.00	广州	100.00
2	香港	65.00	香港	65.00	深圳	80.00	深圳	90.00
3	深圳	65.00	深圳	65.00	珠海	75.00	珠海	90.00
4	澳门	60.00	澳门	60.00	香港	70.00	澳门	85.00
5	珠海	60.00	珠海	60.00	澳门	70.00	佛山	85.00
6	惠州	60.00	佛山	55.00	惠州	65.00	香港	80.00
7	江门	60.00	中山	55.00	佛山	60.00	东莞	80.00
8	佛山	55.00	东莞	50.00	东莞	55.00	惠州	65.00
9	东莞	55.00	惠州	50.00	中山	55.00	中山	65.00
10	中山	55.00	江门	50.00	肇庆	55.00	肇庆	65.00
11	肇庆	55.00	肇庆	0.00	江门	55.00	江门	55.00

（四）粤港澳大湾区海洋知识合作网络影响因素分析

1. QAP相关性分析

根据相关文献及海洋经济特征，本部分内容选取地理距离、经济距离、开放程度、科研投入、人力资源作为影响因素。其中，地理距离通过创新主体间的最短铁路里程数表示；经济距离基于引力模型，以人均GDP替代公式中的人均GDP，以计算经济距离矩阵；对外开放程度用外商实际投资的差值矩阵衡量表示；科研资金投入用政府科研拨款的差值矩阵表示；人力资源用高校在校人数差值矩阵表示。之后，对海洋创新合作矩阵与五个影响因素矩阵逐一进行5000次随机置换，得到QAP相关性分析结果，详见表5－10。

表5－10　粤港澳大湾区海洋创新联系网络与其他影响因素的QAP相关分析结果

变量	实际相关系数	显著性水平	相关系数均值	标准差	最小值	最大值	$P \geqslant 0$	$P \leqslant 0$
地理距离 D	－0.021	0.469	0.001	0.215	－0.683	0.68	0.531	0.469

续表 5 - 10

变量	实际相关系数	显著性水平	相关系数均值	标准差	最小值	最大值	P≥0	P≤0
经济距离 *E*	-0.298	0.063	0.003	0.228	-0.612	0.9	0.937	0.063
开放程度 *I*	0.442	0.087	-0.011	0.191	-0.28	0.537	0.087	0.913
科研投入 *G*	0.401	0.086	-0.015	0.179	-0.248	0.509	0.086	0.914
人力资源 *L*	0.451	0.092	-0.008	-0.008	-0.318	0.533	0.092	0.908

从 QAP 相关性分析结果可知，除地理距离外，经济距离、开放程度、科研投入和人力资源都对粤港澳大湾区海洋创新合作产生了显著的影响。具体来看，地理距离 *D* 与创新合作的 QAP 相关性分析的显著性水平为 0.469，未通过显著性检验。这一实证结果与向希尧、曾德明、夏丽娟等人的研究结论相一致，这些学者的研究表明当今网络和通信技术不断进步，网络会议在学术交流上广泛使用，知识与信息的传递已经突破地理位置的限制，地理邻近成为城市合作中既非充分也非必要的条件。即便地理距离对海洋创新合作的影响不显著，出错概率较大，但其实际相关系数为负数，也在一定程度上印证了空间交易成本是存在的。

经济距离矩阵与海洋创新合作矩阵的相关系数为 -0.298，且通过显著性水平检验，表明经济距离对粤港澳大湾区海洋创新合作存在显著的负向影响，说明海洋经济发展水平接近的城市之间更易发生海洋创新联系。开放程度与海洋创新合作的相关系数为 0.442，表明经济的外向性有助于引导海洋创新资源的流动，促进海洋创新合作网络的形成。政府科研拨款差值矩阵和海洋创新合作矩阵的相关系数为 0.401，说明政府科研拨款对海洋创新合作有着显著的正向效应，科研资金充足的城市更易吸引人才，在学术交流方面更具优势，易于知识的传播与外溢。最后，人力资源与海洋创新合作的相关系数为 0.451，表明人力资源对海洋创新合作产生显著的正向作用，一方面，人才的集聚促进思维的碰撞，使创新活动更加活跃；另一方面，城市间人才的共享与互补也对创新合作产生了积极的作用。

2. QAP 回归分析

由于地理距离 *D* 在相关性分析中未通过显著性检验，在 QAP 相关分析中予以剔除，随后对经济距离 *E*、开放程度 *I*、科研投入 *G*、人力资源 *L* 四个影响因素与粤港澳大湾区海洋创新合作联系进行 QAP 回归分析，得到表

5－11 所示结果。经济距离 E 的标准化回归系数为－0.218，通过 1% 的显著性检验，说明海洋经济的发展水平是影响城市间海洋创新合作的重要因素，海洋经济发展较好的城市更倾向于与自己实力相当、差距较小的城市进行合作，避免向下兼容。开放程度 I 的标准化回归系数为 0.461，且通过 5% 的显著性检验，表明经济全球化带来的人才、资金、技术、货物等的流动显著依赖城市的海洋属性，进一步深化改革开放有助于海洋经济的发展与海洋创新的涌现。科研资金 G 的标准化回归系数为－0.794，通过了 1% 的显著性检验，负的回归系数表明，当存在其他因素影响时，城市间的科研资金差距过大将不利于区域间的创新合作，可能原因在于过于不均衡的科研资金分布将导致落后地区的人才流失，从而使区域间创新合作减少。人力资源的标准化回归系数为 0.714，通过 1% 的显著性检验，表明人才在知识的流通与互动中有着重要作用。

表 5－11　粤港澳大湾区创新网络与其他影响因素的 QAP 回归分析结果

变量	非标准化回归系数	标准化回归系数	显著性概率	$P \geq 0$	$P \leq 0$
经济距离 E	－26.044	－0.218	0.01	0.99	0.01
对外开放 I	4.973	0.461	0.016	0.016	0.984
科研资金 G	－1.165	－0.794	0.006	0.995	0.006
人力资源 L	0.831	0.714	0.004	0.004	0.997

值得注意的是，在这四个影响因素的回归结果中，科研资金和人力资源的标准化回归系数相对较大，经济距离的标准化回归系数相对较小，表明充足的科研资金和人力资源会对区域间创新合作产生更大的影响，印证了资金是创新的基础和保障，人才是创新的根基和核心要素。通过政府的引导和规划，发达的海洋城市对口帮扶落后但适宜发展海洋经济的城市取得了成效，海洋经济发展差距对区域海洋创新合作带来的阻碍有所降低。

（五）结语

1. 结论

本部分内容基于 2008 年、2012 年、2016 年、2020 年粤港澳大湾区城市群论文合作数据，运用社会网络分析法对粤港澳大湾区海洋区域协同创新网络的结构特征及时空演化进行了全面分析，利用 QAP 分析法对海洋创新合作的影响因素进行了深入探讨，得到以下结论。

（1）从粤港澳大湾区海洋区域协同创新网络的整体特征和演化趋势来看，粤港澳大湾区城市群海洋创新合作不断密切，合作成果与日俱增，海洋知识交流愈发频繁，协同创新能力持续提升。“核心 - 边缘”结构明显，协同创新格局朝优化方向发展，网络拓扑结构由单中心辐射形态逐渐发展到多中心支撑的网络结构。从定量测算数据来看，2012—2016 年以及 2016—2020 年整体网络密度增幅达 26.37% 和 63.48%，体现出在国家海洋经济高质量发展和广东省科技强海战略的强力推动下，粤港澳大湾区正加快形成以科技进步为主要推动力的海洋经济体系。

（2）从粤港澳大湾区城市群的海洋创新合作中心性测度来看，广州处于绝对核心地位，是创新要素集聚的中心，且知识溢出效果显著，使多个海洋创新中心城市相继崛起，海洋创新网络空间逐渐向多中心、平衡化发展。“核心 - 边缘”结构分析结果显示，粤港澳大湾区海洋创新合作网络已形成以广州、深圳、香港、珠海为核心，以佛山、东莞、惠州、澳门等城市为次核心的多中心海洋知识创新体系。然而，江门等沿海城市仍存在人才流失、创新活力不足的问题，面临在区域协同创新网络中被孤立和边缘化的风险。

（3）从粤港澳大湾区海洋区域创新合作影响因素的 QAP 分析结果来看，海洋经济发展水平越接近、对外开放程度越高、科研资金分配越协调、人才分工越合理，就越能激发海洋创新合作动力，提升海洋区域协同创新发展水平。其中，政府科研拨款、教育人力资源对创新合作的影响程度更高，海洋经济发展水平邻近程度对海洋创新合作的影响相对较小。而地理距离因素由于信息技术的发展，已成为影响海洋创新合作的非主要因素。

2. 政策启示

基于以上研究，笔者认为可以通过以下四点政策举措来促进粤港澳大湾区海洋区域协同创新水平的提升。

（1）注重统筹全局。要加强对粤港澳大湾区城市群协同创新的顶层设计，根据不同城市的发展阶段和分工定位，构建有效的城市合作创新网络。要促进强强联合，提升变革性技术和关键科学问题的攻坚能力，同时也要引导强弱合作，促进创新资源向落后地区扩散与转化。政府要有意识地促进城市间的联动发展，完善协调机制，打通城市间的政策阻碍，从而有效降低空间交易成本和机会主义风险。

（2）优化创新布局。根据不同城市的经济实力、发展阶段、分工定位以及资源禀赋的差距进行创新空间布局，主要是依据主导海洋产业与创新活动适配的原则，促进产学研合作。以广东省六大海洋产业为例：广州可凭借其基础科研设施及综合创新能力，以重大国家课题为主，多学科全面发展；深圳可集中力量攻克海洋生物、海洋电子信息等创新转化率较高的技术问题；香港则可优先培养涉海专业服务人才；东莞、惠州等次核心区可聚焦于海洋装备制造研发；而江门等海洋自然资源丰富的地区应集中力量开展海洋风电相关领域的研究。

（3）促进区域合作。根据 QAP 分析结果，可以从经济发展水平、开放程度、科研资金、人力资源等方面入手。首先，要促进海洋经济协调发展，可以通过海洋产业承接和转移的手段促进落后地区发展；其次，要加快构建粤港澳开放型经济体制，提升市场互联互通水平；再次，要探索跨区科研经费流通结算问题，革新创新资金分配方法（如创新券的使用）；最后，要促进各地海洋人才资源的建设，可以采取人才联合培养、双聘等方式满足各地的海洋人才需求。

（4）促进海洋创新要素区域融通。要做到创新设施的统筹布局和共建共享，省级以上的创新引擎及重大创新基础设施应出台跨区措施，承担辐射周边的职责；技术成果要跨区域共享，可以逐步培育技术交易市场，建设区域技术转移平台；此外，人才、资金、数据也要做到区域的融通协调。最终形成创新主体共谋、创新资源共融、创新平台共建、创新成果共享的区域协同创新的海洋新格局。

三、湾区经济与全球四大湾区异同对比①

（一）引言

湾区是一种特殊的区域划分类型，伴随世界经济的发展，其概念逐渐超出了地理范围的简单描述，更多带有经济学内涵，尤其是在区域经济学领域被赋予了特定内涵。“湾”指的是三面环陆，一面向水的区域，“湾区”则是指海岸带向陆地内向凹进，由一个海湾或者相连的若干个港湾、海湾和毗邻岛屿共同组成的滨海区域。在世界范围内，“湾区”概念首次出现在1945年旧金山湾区委员会成立时的官方表述中。当时的“湾区”特指旧金山湾区，但此处这一词其表达的内涵已超出了单纯地理层面的概念，可引申为一种独特的滨海经济形态，内含丰富的海洋环境资源和地理、生态、人文经济价值，是滨海城市及其海岸带的重要组成部分。

“湾区经济”一词源于学者对旧金山湾区发展模式的探讨，包含港口、资本、政策、人口、科技等要素对经济发展的影响。国内的湾区研究始于吴家玮（1997）对旧金山湾区的研究，他认为湾区的形成需要具备超级港口，是所在区域的交通枢纽与创新高地，并拥有发达的金融功能。如今，湾区经济在我国学者界并未形成统一的概念定义。例如，陈德宁（2010）认为，“湾区”是指围绕沿海口岸分布的众多海港和城镇组合而成的港口群和城镇群；王宏彬（2014）认为，湾区经济是港口城市都市圈与湾区独特地理形态相结合聚变的产物，也是港口经济、集聚经济和网络经济高度融合而成的一种独特经济形态；申勇（2015）认为，湾区经济是因为共享海湾而形成的区域经济和开放型经济的高级形态；李睿（2015）认为，湾区经济不仅是地理学概念，也是一个产业经济学概念，是都会区与产业群的叠加，湾区经济应承载三个层次的城市规划目标，即集跨界协作区、新兴经济区、核心功能区于一体；张锐（2017）则是以一种综观的体系提出，湾区经济是滨海经济、

① 本文作者为广东财经大学海洋经济研究院王懿轩。

港口经济、都市经济与网络经济高度融合而成的一种独特经济形态，是海岸贸易、都市商圈与湾区地理形态聚合而成的一种特有经济格局。

湾区经济是一种具有鲜明特点的区域经济合作的经济形态。湾区的经济发展是以港口为依托的，港口功能的不断演变促进了湾区经济的不断演变，湾区以港兴城，港为城用，港以城兴，港城相长。而进一步伴随工业生产、经济发展和信息技术的演变进化，湾区经济也经历了港口经济、工业经济、服务经济和创新经济等发展阶段。从区域经济学角度看，湾区具有优于一般区域的经济发展优势，主要体现在开放的经济结构、高效的资源配置能力、强大的集聚外溢功能和发达的国际交往网络。

目前，全世界存在着众多的湾区，其中，纽约湾区、旧金山湾区和东京湾区是被世界公认的顶级湾区，粤港澳大湾区同样跻身国际一流湾区，是世界四大湾区之一。世界级湾区以开放性、创新性、宜居性和国际化为重要特征，具有开放的经济结构、高效的资源配置能力、强大的集聚外溢功能和发达的国际交往网络，发挥着引领创新、聚集辐射的核心功能。

（二）全球四大湾区概况及发展历程

全球四大湾区指以科技领先的旧金山湾区，以金融著称的纽约湾区，以产业闻名的东京湾区和集中了金融、产业、科技的粤港澳大湾区。这四大湾区都是各自国家的重要经济命脉和创新平台。

旧金山湾区，内含硅谷，集中了全美40%以上的风险资本投资，全美许多互联网和金融科技巨头公司的总部均设立与此，2020 年的 GDP 占全美 GDP 总量的 3. 48%。纽约湾区作为全世界的金融心脏，GDP 约占全美国的 8. 59%。东京湾区的 GDP 占日本 GDP 总量的 1/3，其中的知名企业有丰田、本田、三菱、软银、索尼等。而粤港澳大湾区是继前三大湾区之后崛起的世界第四大湾区，2017 年的 GDP 生产总值突破 10 万亿元人民币，约占全国 GDP 总量的 12. 17%；2021 年大湾区 GDP 总量约为 12. 6 万亿元人民币，综合实力持续增强。

1. 旧金山湾区

旧金山湾区由旧金山市、东湾（以奥克兰为代表）、北湾、南湾（以圣何塞为代表）、半岛五个分区组成，以旧金山、奥克兰和圣何塞为核心城市。旧金山湾区以“科技湾区”著称，它拥有先进的科技创新体系，同时也是国际最重要的高新技术研发中心，对全球创新经济的发展有着广泛而深远的影响。旧金山市是湾区的中心，奥克兰市地处东部沿海地区，圣何塞市位于南湾硅谷中心地带，湾区内三大城市形成各具特色、优势互补的区域中心。

旧金山湾区历史悠久，是美国的重要口岸，18 世纪前后所爆发的淘金移民热潮引起了人口的集聚，形成了移民和货物集散中心，同时带动了港口运输业、冶炼采金产业以及金融产业的发展。之后，伴随湾区工业化的进程加快，交通一体化系统建成，高校技术、人才、专利、资金的流通，推动了硅谷的崛起与发展。20 世纪末开始，伴随硅谷科技产业的迅猛崛起，旧金山湾区创新经济的集聚与辐射效应显现。整个湾区成为设计和发明的知识中心，高科技经济占据半壁江山，组装制造业等则被逐渐分散到临近各州和世界各地。旧金山湾区内部三大中心城市合理分工、错位发展。旧金山的金融中心地位进一步强化，以发展金融业、旅游业等现代服务业为主；奥克兰开始逐渐转型为以港口和新兴经济为主；圣何塞则逐渐成为湾区的科技创新中心，主要聚焦发展高新科技产业和生物医药业。

2. 纽约湾区

纽约湾区位于纽约州东南哈德逊河口，濒临大西洋，由纽约州、康涅狄格州、新泽西州等 31 个州市联合组成。纽约湾区曾常年居于国际湾区之首，具有较大的经济容量，纽约的对外贸易量占全美总量的 1/5，制造业产值占总产值的 1/3，经济总量达 2.0 万亿美元。纽约湾区第三产业在四大湾区中占比最高，吸引了全球 40% 的 500 强企业来此落地。纽约市的曼哈顿中城是世界最大的 CBD，集聚了 100 多家国际著名的银行与保险公司的总部，是全球贸易中心、金融中心乃至世界经济中心。

纽约湾区伴随美国经济的发展而逐步形成。从早期港口经济起步，到成为全美工业制造中心，再到全球金融及创新中心，纽约湾区呈现出湾区经济发展的典型阶段特征。19 世纪初，纽约跨国贸易日渐兴盛，纽约通过从进出口货物中收取代租费、运费、保险费等，积累了大量财富，形成了以曼哈顿为中心的贸易大港。随后，借助工业革命及战争物资的制备出售，第二次世界大战后，美国在世界经济体系中的地位达到顶峰，纽约也进入了鼎盛时期。同时，纽约进行了区域规划，进一步叠加交通和通信行业革命和服务业产业的崛起，以纽约为核心的都市圈逐渐形成。20 世纪末期，随着制造业的转移，越来越多的金融机构在纽约设立总部，纽约及其周边城市逐渐成为跨国银行和保险公司等金融机构的集中地。纽约湾区也成为协调经济全球化的重要节点，以纽约为中心的世界级湾区地位逐渐确立。

3. 东京湾区

东京湾区位于日本本州岛中部、关东平原南端的东京湾，由“一都三县”，即东京都、埼玉县、千叶县、神奈川县组成。2018 年，《世界经济数据库》发布数据显示，东京湾区 GDP 总规模达到 1.86 万亿美元，是四大湾区中经济总规模最庞大的湾区。2020 年，东京湾区的 GDP 占日本全国 GDP 的 39.21%，是日本名副其实的经济核心区。东京湾区的开发始于江户时代（江户即东京），经历了单级、扩散、协调的发展过程，其定位为产业湾区，以制造业为主导产业，具有“世界工厂”之称，东京湾区所在的东京湾也是世界港口最发达的地区之一。

17 世纪初，由于日本政治中心的转移、东京港的位置优势以及江户庞大的消费市场，使东京湾区贸易产业、港口工业快速发展。随后，在填海造陆和城镇化发展的基础上，以重工业、化学工业为主的新兴工业地带、太平洋带状工业地带逐渐形成，京滨、京叶两大工业区也进一步发展为全球最大的工业产业地带，形成了日本最大的工业城市群和最大的金融中心、国家航运中心、商贸中心和消费中心。通过港口整体规划及湾区内分工协作，东京湾制造业逐步向高端定位发展，进而由以一般制造业、重化工业为主的产业格局蜕变为以对外贸易、金融服务、精密机械、高新技术等高端产业为主的产业格局。东京湾区中以京滨工业带为代表的制造业集群，集中了众多世界级制造业巨头，奥林巴斯、尼康、索尼、三菱、佳能、富士通、川崎重工等近 40 家世界 500 强企业总部都落户于此。再加上巨头身后的大量“隐形冠军”企业，构建了湾区庞大的工业体系。

4. 粤港澳大湾区

粤港澳大湾区位于中国华南地区，包括 2 个特别行政区和广东省 9 个城市。粤港澳大湾区是我国开发程度最高、经济活力最强的区域之一，在国家发展大局中具有重要战略地位。大湾区以香港、澳门和深圳为核心，以珠江为轴，沿海为带，与东南亚隔海相望，与南海依湾相连，是海上丝绸之路的必经之地，也是内陆地区和亚欧贸易的经济衔接点；是世界重要的海运通道，也是世界经济、政治和文化的交流中心。

粤港澳大湾区的形成推进除却珠三角人口、经济的聚集及与港澳的合作等因素外，同样也是伴随国家区域经济规划持续演进发展的。20 世纪下半期以来，在经济全球化和信息化蓬勃发展的大背景下，由于信息技术的广泛运用，第四次产业革命的来临，通讯、交易手段的不断变化，加上软环境在高新技术产业和服务业形成中的作用越发明显，地区对人才具有更强的吸引力，使得珠三角汇集了越来越多来自全球各地的商品、资金、人才，逐渐发展为新的经济中心。2010 年，粤港澳三地政府联合制订《环珠江口宜居湾区建设重点行动计划》，以落实跨界地区合作。2012 年，广东省政府公布全国首部海洋经济地图，明确提出广东海洋经济的发展将划定“六湾区一半岛”，打破行政界线，以湾区为单位进行发展，辐射内陆经济。湾区将串联湾区周边城市，形成湾区经济发展新格局。2015 年，国家“十三五”规划纲要中提出支持港澳在泛珠三角区域合作中发挥重要作用，推动粤港澳大湾区和跨省区重大合作平台建设。2017 年，政府工作报告正式把“粤港澳大湾区”纳入其中，并研究制订了粤港澳大湾区城市群发展规划。制度性软环境在市场基本适用法律、商事规则、行业标准、仲裁机制等方面进行了全面衔接与融合，大湾区一体化发展格局逐渐形成。

（三） 全球四大湾区的共同特征

纵观全球四大湾区，它们都具有以下共性：从地理特征看，它们背靠海港，这一特殊的城市群是通过资金、信息、人员和贸易流连接起来的；从经济形态看，它们具有强大的集聚经济和规模经济效益，拥有对世界范围内优质要素资源的强大影响力和控制力；从区域规划上来看，它们大多着手于区域协调统筹规划，为合理的产业布局区位定位打下基础；从人文属性上看，它们长期承担全球对外贸易往来和文化交往的功能，通常展现出开放包容的社会氛围。

1. 港口经济发达，基础设施完善

湾区大多有港阔水深的优良海港，并以此形成发达的海港经济区，因港而生，依湾而兴。港口在湾区发展中具有非常重要的作用，发挥着交通枢纽与经济辐射中心的作用。依托港口群的节点优势，通过海运带动国际贸易发展，湾区形成与国内外市场相连接的重要枢纽和参与全球经济的桥头堡，推动了大规模的城市扩展，最终形成了国际航运中心或国际贸易中心，推动更多人流、物流、资金流和信息流交汇，最终形成“增长极”。

旧金山湾区集聚了奥克兰港、里士满港、红木城港和旧金山港等条件优越的港口，节省了运输时间和成本，提升了商业、商务活跃度。海湾大桥、金门大桥等多座跨海大桥的建立将孤立的城市和区域联系起来，使商业贸易往来更加便利，奠定了湾区内部协同发展的基础。纽约湾区内形成了运输效率极高的港口群，纽约港作为美国东部最大的商港，重点发展比较高端的远洋集装箱运输；费城港主要从事近海海运；巴尔的摩港则为矿石、煤和谷物等大宗原材料商品的转运港；波士顿港则是以转运地方产品为主的商港，并有渔港性质。纽约湾区港口的合理分工促进了区域分工的有序发展。东京湾区沿岸有横滨港、东京港、千叶港、川崎港、木更津港、横须贺港和船桥港7个港口，日本政府特别重视各个港口的协调发展，将其作为国家和区域发展战略的重点来制订和执行，并使用产业政策等为其提供指导性方向，避免了区域内的同质竞争。粤港澳大湾区港口沿珠江两岸布局，含香港港、深圳港、广州港、东莞港、珠海港、中山港以及惠州港等，内含6个亿吨大港，货物吞吐量和集装箱吞吐量均位居世界前列。

除港口外，湾区内部公路运输、轨道运输、公共交通和机场建设均是提升区域交通负荷和通勤效率，为新的经济发展增加助力的重要基点。湾区交通一体化建设在整体建设中通常处于基础性重要地位。

2. 营商环境优越、集聚外溢效应强

国际一流湾区通常具有高效的资源配置能力，以及强大的聚集外溢功能。湾区因其便利的交通贸易条件，易形成人口、资源的集聚，人口和资源反过来又促进了港口和湾区的产业集聚和经济繁荣。强大的集聚发展能力，推动了更多物流、信息流、资金流和人流的交汇，更容易产生知识、信息和技术的外部溢出效应，从而激发整个湾区的创新活力。同时，创新进一步提升了湾区发展动力，在不同发展阶段促使湾区能够始终保持领先地位。

美国旧金山湾区的硅谷，科技创新能力世界领先。在圣何塞市拥有四个城市级大学和五个美国国家级研究实验室，是硅谷的核心地带，以此为核心辐射点，带动了整个旧金山湾区经济的飞速发展。东京湾区内分布有佳能、索尼等大型企业，横滨国立大学、庆应大学等著名学府，其成功经验主要在于建立了专门的产学研协作平台，国家经费支出更多向大学和科研单位倾斜，提升第三产业的比例以提高湾区的竞争力和区域生产力水平。

21世纪初，科技创新开始在纽约湾区兴起。大量金融服务与风险投资机构支持创新融资，使纽约湾区成为美国和国际大型创新公司总部的集中地，同时纽约湾区丰富的教育资源进一步推动了科技创新成果落地。基于此，纽约的高新技术企业迅速发展，使纽约湾区成为辐射国内、影响世界的创新服务和管理中心。粤港澳大湾区内香港和澳门营商环境全球领先，外溢效应明显；契约意识强，改革创新敢为人先，营商口碑好；以企业为中心，政府服务意识强；产业供应链体系完备，企业易生存。同时，其基础设施发达，企业经营便利；世界人才雨林初现，创新创业土壤肥沃；经济活动自由度大，改革创新活力强。

3. 区域整体规划、分工协调

湾区经济侧重于区域经济要素变化推动区域资源的整合优化。湾区内城市间的界限更为模糊，强调区域间的分工协作和融合发展，如要素自由流动、基础设施互通、公共服务共享等。

早期旧金山湾区内各城市各自为政，产业同质化明显，易产生恶性竞争。1945 年，由企业出创建资的海湾保护和开发委员会（BCDC）成立，其目的在于协调湾区的各种问题。1961 年，半官方的旧金山湾区政府协会（ABAG）成立，其目的在于统筹区域规划，搭建城市间的沟通桥梁。纽约湾区则是打破了行政区划格局及区域内的行政界限制约，提高了整体湾区经济发展的效率与发展水平。通过建立跨区域、跨政府的协调机制，探索创新合作体制和机制，实现资源合理分配，加快纽约湾区的融合发展。东京湾区的规划更加系统，经历了“一战”后首都圈整备计划、五次全国综合开发规划、五次首都圈基本规划以及首都圈大都市地区构想。这些规划为东京湾区互通互联的实现、圈内城市功能定位和未来发展方向提供了全局指导。粤港澳大湾区面临的形式更加复杂一些，在“一国两制”背景下形成了“三个税区—三种法律—三种货币”的制度框架，关税水准、资本流通、开放程度、对外经贸等方面存在的差异使得大湾区内人员、资金、货物及信息等要素的自由流动及行政管理受到一定限制。为解决这一难题，一方面要探索并完善大湾区合作体制机制，另一方面要创新大湾区合作模式，合作模式从“前店后厂”到以《内地与香港关于建立更紧密经贸关系的安排》（CEPA）为基础的传统服务业合作，现已进入高度开放的全新合作阶段。

4. 低碳绿化、重视人文自然环境

湾区往往是生态环境资源卓越的宜居地带，易与开放多元的文化产生良好的“化学”反应。湾区优美风景奠定了优良的人居环境基础，良好的城市规划设计则形成便捷的交通条件和完善的配套设施，又会进一步提升湾区的宜居水平。发达的信息交换和高效的要素流动，则更有利于促进湾区投资创业的活跃和高端人才的集聚，进而形成人文地理环境的良性循环，持续增强湾区宜居、宜业的吸引力。

旧金山湾区虽然已成为全球高科技产业集中地区，但依旧保留多丘陵的

海岸带、海湾森林山脉和广袤原野，优美的自然生态与极具包容性的创新文化相映照，成为吸引全球顶级人才的重要因素之一。旧金山市三面环水、环境优美、气候宜人，被视作全美城市规划做得最好的城市，也被誉为“最受美国人喜欢的城市”。纽约湾区在产业发展过程中也十分重视环境保护问题，于20世纪70年代推出了《国家环境政策法》《州环境质量审查法》，来约束各个可能给生态环境带来消极作用的项目，加重对污染企业的惩戒，这对改善湾区生态环境起到了较大的作用。

（四）全球四大湾区发展的独特经验

鉴于四大湾区的地理区位环境、发展机遇、优势产业等具有差异性，相应地在湾区具体建设时形成了不同的发展模式及产业结构。

1. 湾区经济发展模式不同

旧金山湾区的经济发展模式为“人才飞地”模式，通过设立集中办公区域、创业园区等方式，搭建信息资源平台，打通人才、资金、项目流通渠道，打破原有行政区划限制，实现互利共赢。旧金山湾区以知名高校、科技创新园为载体，吸引全球高层次人才向硅谷集聚，形成“人才飞地”。其突出特点表现为：为人才组建创新创业孵化器、构建有效的人才自由流动机制、营造有利于企业创新的良好环境。

纽约湾区的发展模式为“卫星城”模式。在20世纪50年代到60年代，受城郊发展住房政策的激励，纽约居民逐步向外迁移。同时，产业也开始向外转移，极大地缓解了城市中心区的功能负荷。纽约湾区以纽约市为中心，在新泽西、康涅狄格、宾夕法尼亚等州建立与纽约配套的卫星城，形成以制造业、金融配套、商贸服务为主导的“一极多点”分工格局，大幅提升纽约湾区的全球竞争力。

鉴于日本平原狭小、地形破碎、资源贫瘠，其能源、工业原材料等资源要素的生产需要依托港口城市、沿海选址，以节约成本，故东京湾区的发展模式更偏“海外飞地”模式。为了加强对国际资源与市场的开发力度，日本政府鼓励企业在海外建立“子母工厂”，在全球范围内建设生产基地，其主要表现为：一是支持企业核心环节在本国设立母工厂，二是鼓励企业在海外建设子工厂。

改革开放后，珠三角地区承接港澳产业转移，粤港澳大湾区在“前店后厂”模式下实现快速发展。港澳通过投资的形式将大量低附加值制造业企业转移至珠三角地区，港澳提供资金、技术、设计、管理等，而珠三角地区负责生产加工，同时借助港澳发达的贸易网络将产品销往全球。20 世纪 90 年代开始，珠三角地区积极推动制造业转型升级，港澳则转向高端服务业，三地产业发展脱节，产业合作空间有所收窄。2017 年后粤港澳大湾区正式建立，其整体规划中反复提及差异定位、湾区产业协同融合，新一代大湾区发展模式仍在摸索建设中。

2. 湾区产业侧重点各异

旧金山湾区的三个主要城市代表了不同的就业集群，由不同但混合的行业主导。旧金山是湾区金融业、旅游业的所在地，也是众多会议的举办地。以东奥克兰为中心的东湾是重工业、金属加工业、石油业和航运业的所在地，而南湾圣何塞的中心是硅谷，是围绕科技行业的主要经济活动地。此外，北湾的农业和葡萄酒业发展良好；连接旧金山市和南湾的半岛，地产业发达。湾区内产业具备多样化齐头发展实力。

纽约湾区素有“金融湾区”的称号，其产业结构是一个集群系统，第一个集群是以金融业为引领的高端生产性服务业，带动各种实体经济的发展；第二个集群是以高端人才为支撑的创意产业，包括广告业、娱乐业、传媒业、文化产业、艺术品收藏业等。因疫情原因，纽约出台减税降费等政策，积极推动新一代互联网信息技术、人工智能等新兴产业的研究和应用落地。

东京湾区通过制定合理的产业政策以及对其他要素的重视，使东京湾区由从事传统的简单制造业、重工业为主的产业布局，开始逐步演变为以高新技术制造业、精密机床、电子产品、汽车、精密机械为主的产业布局。现如今的东京湾区集中了包括钢铁、有色冶金、炼油、石化、机械、电子、汽车、造船、现代物流等产业，成为全球著名的工业产业带。同时，这里还大力发展金融产业、文化产业，建设大型娱乐设施、商业设施等，是全球著名的金融中心、娱乐中心和消费中心。

粤港澳大湾区的产业结构较均衡，一般分为湾区西岸、东岸以及沿海城市群。目前，粤港澳大湾区西岸主要为技术密集型产业带，以“装备制造业+农业”为主，包括新材料、新能源、农业产品、电子加工等。东岸主要为知识密集型产业带，以“新兴产业+高科技”为主，包括互联网、人工智能、科技创新等。沿海则为生态保护型产业带，包括先进制造业、现代服务业等。同时，东岸、西岸、沿海城市群加强联系与合作，优势互补，共同构建产业结构。

（五）国际湾区经济发展借鉴

从国际湾区的形成、发展历程不难看出，湾区大多首先是通过港口等优势经济要素吸引人才、资金等各类资源要素，此后通过因地制宜地制订区域协调发展规划，进一步发挥优势，从而持续发展。从较为成熟的旧金山湾区、纽约湾区、东京湾区的经验，以及粤港澳大湾区的现状对比中可以得出，在建设湾区及发展湾区经济方面，我国可借鉴的经验有以下五点：一是湾区统筹规划、区域协调合作；二是建立湾区“雁阵”布局体系；三是重视市场对资源配置的基础作用并出台相应的法律法规；四是建设高效便利的运输交通系统；五是营造宜人宜居的文化、生态环境。

1. 湾区统筹规划、区域协调合作

湾区经济一般涉及多个行政区，不管是产业的分工合作、城市基础设施的衔接，还是生态环境的保护都需要区域协调。同时，发展成熟的湾区经济还需要有合理的分工协作体系，包括加强统筹规划，明确城市与港口的角色定位，成立湾区政府协会、交通委员会等多种治理组织，这就对湾区的整体统筹规划、区域协调合作提出了要求。

2. 建立湾区“雁阵”布局体系

在统筹湾区整体规划、经济一体化发展的同时，国际湾区的另一重要经验即立足于核心区与外围区的比较优势，成功地建立了产业分工的雁阵布局体系。在国际大湾区的雁阵布局体系中，核心区扮演着经济增长点和发动机的角色，是高端要素和高端产业高度集聚的区域，在产业价值体系中占据了附加值较高的环节；外围区发挥着承接核心区产业转移和配套设施的功能，布局主要围绕与核心区产业关联度较高、处于价值体系中间位置的产业部门。核心区的高端产业与外围区的配套产业协同演化，技术溢出效应和反馈促进效应显著，凸显了雁阵布局体系的合理性。

3. 重视市场对资源配置的基础作用并出台相应的法律法规

为促使各种生产要素在国际大湾区内部自由流动，一方面，需要经济一体化的顶层设计；另一方面，市场机制与行政机制之间的良性互动也发挥了重要作用。市场机制与行政机制并行不悖且互相协同，能够产生显著的经济增长红利，有利于湾区经济的长期健康发展。

4. 建设高效便利的交通运输系统

湾区内的港口与港口之间、港口与城市之间、城市与城市之间、沿海与

腹地之间，物流、人才流、技术流以及资金流等在最短的时间内完成配置与投放，才有利于企业经营效率、人员工作效率的提高，湾区的城市网络效应才能得以充分彰显。因此，构建湾区高效便利的交通运输系统就显得尤为重要。除了交通设施之外，国际大湾区在通信、航运、金融等领域也实现了高度一体化，全方位、系统化、嵌入式的深度融合有效提升了大湾区作为一个整体的运行效率和竞争实力，为各种要素资源的优化配置提供了基础性的保障。

5. 营造宜人宜居的文化、生态环境

高度开放的市场环境及宜人的居住生态，丰饶的创业土壤和充满竞争性的工作机会，使湾区成为大量外来人口的聚集地，来自世界各地的多元文化汇聚于此，而这些多元文化又进一步促进了湾区开放，激发与反哺湾区城市的创新发展。

此外，在生态环境方面，湾区要积极构建绿色发展新模式，抓紧推动清洁能源建设；通过拓宽“新基建”范围，涵盖可再生能源、低碳和韧性基础设施、建筑能效提升、绿色城区、绿色技术，加强陆海智慧气象观测基础设施建设；加强湾区绿色基础设施和自然资本核算；构建区域绿色合作新模式，建立大湾区生态保护补偿机制，研究设立大湾区生态补偿基金，完善生态涵养区考核及综合化补偿机制。

四、粤港澳大湾区创新生态系统耦合协调的空间结构与网络特征①

自20世纪90年代国家创新体系理论在我国学术界兴起后，创新体系构建的问题成为我国学者研究区域创新的又一焦点，是我国建设创新型国家的重要理论依据。相较于我国其他城市群的创新环境，粤港澳大湾区面临着“两种社会制度、三大法系、三个独立关税区”的特殊情形，使大湾区在推进区域创新协调发展过程中跨区域协同治理的制度冲突凸显。因此，在面对新一轮全球科技与产业革命时，研究粤港澳大湾区区域创新生态系统耦合协调的空间结构与网络特征具有重要的研究意义与现实价值。

库克（Cooke）教授于1992年最早从演化经济学的视角提出区域创新系统的概念，认为区域创新系统是企业、高校、科研机构等创新主体互动创新所形成的开放体系，促进了系统内各主体以及主体与环境之间的交互式学习。伴随着全球经济多元复合发展趋势，创新范式已正式迈入以演化经济学为理论支撑的区域创新生态系统阶段。一方面，其突破创新活动注重生产者之间联结的局限性，突出“用户导向式创新”的关键作用。另一方面，学者们越来越多地参考生态学、社会学等交叉学科对创新生态系统发展内涵进行新的诠释。目前，关于区域创新生态系统的相关研究已有不少成果，学者们从共生理论、协同学、系统学等不同视角出发，运用共生演化模型、主成分分析法、面板数据回归、模糊集定性比较分析等方法，对区域创新生态系统的构建、特征、协调评价、演进趋势以及创新要素之间的互动关系展开研究。相关研究均为创新生态系统理论与实践的发展奠定了重要基础，但尚未形成一个系统而完善的研究范式，仍需提升以下三个方面的内容：①针对当前区域创新生态系统耦合协调的研究普遍局限于指标测度与现状评估，缺少

---

① 本文作者为广东财经大学海洋经济研究院杨智晨。

对创新生态系统耦合协调内部空间结构特征的多维剖析。②创新生态系统如同自然生态系统一般具有显著的网络效应与互补效应，虽有学者已在理论层面将生态学中的复合网络思想运用于区域创新生态系统的研究中，但现有实证评价中，大部分文献集中于从微观层面探讨系统成员的相互作用，而针对中观、宏观层面的区域网络结构与关联特征的相关研究几乎处于空白状态。③目前，大多数学者对区域创新网络的构建往往局限于用合著论文数据或联合专利数据，虽也有研究尝试结合知识创新网络和技术创新网络的空间状态剖析区域协同创新水平，但仍难以完全反映区域创新生态系统多维度演化共生的网络特征。

为拓展区域创新生态系统研究的学术增量，揭示区域创新的“黑箱”系统，捕捉粤港澳大湾区创新发展高地的机制和方向，本部分内容首次尝试将生态位理论与复杂网络思想进行融合，构建了创新活度和创新生境复合协调的区域创新生态网络系统。同时，利用CRITIC－熵权法、耦合协调发展模型系统演绎了创新活度与创新生境耦合联动的时空演化特征，基于社会网络分析法深入剖析区域创新生态系统的动态网络空间结构，并从中找出不足之处，提出对应的决策建议，以期为优化粤港澳大湾区创新生态系统的空间格局、推动区域创新一体化发展提供新思路。

（一） 区域创新生态系统的内涵

从区域创新系统向区域创新生态系统跨越，不仅是研究视角和研究方法的更新，更能凸显创新系统动态性、栖息性与生长性的特征。区域创新生态系统是指在一定的区域范围内，创新群落和创新环境之间通过创新要素的自由流转而相互依存、相互作用形成的有机系统。区域创新生态系统耦合机理图，详见图5－2。

区域创新生态系统由城市创新生态系统构成，区域创新生态系统的组织和协调关系不仅包括城市内部创新活度生态位和创新生境生态位的协同创新关系，还包括城市创新生态系统之间的空间关联关系。空间关联关系基于地理邻近性产生，通过不同城市创新主体之间的交流与合作产生知识溢出效应，利用不同城市“产学研”的比较优势发挥规模经济效应，借助区域内创新要素互联互通改善资源配置效率，进而对整体区域创新绩效产生积极影响。而区域创新生态网络是城市间空间关联关系的高显示度表达，是区域创新生态系统内在时空关系、组织秩序及系统功能的主要形式与载体。

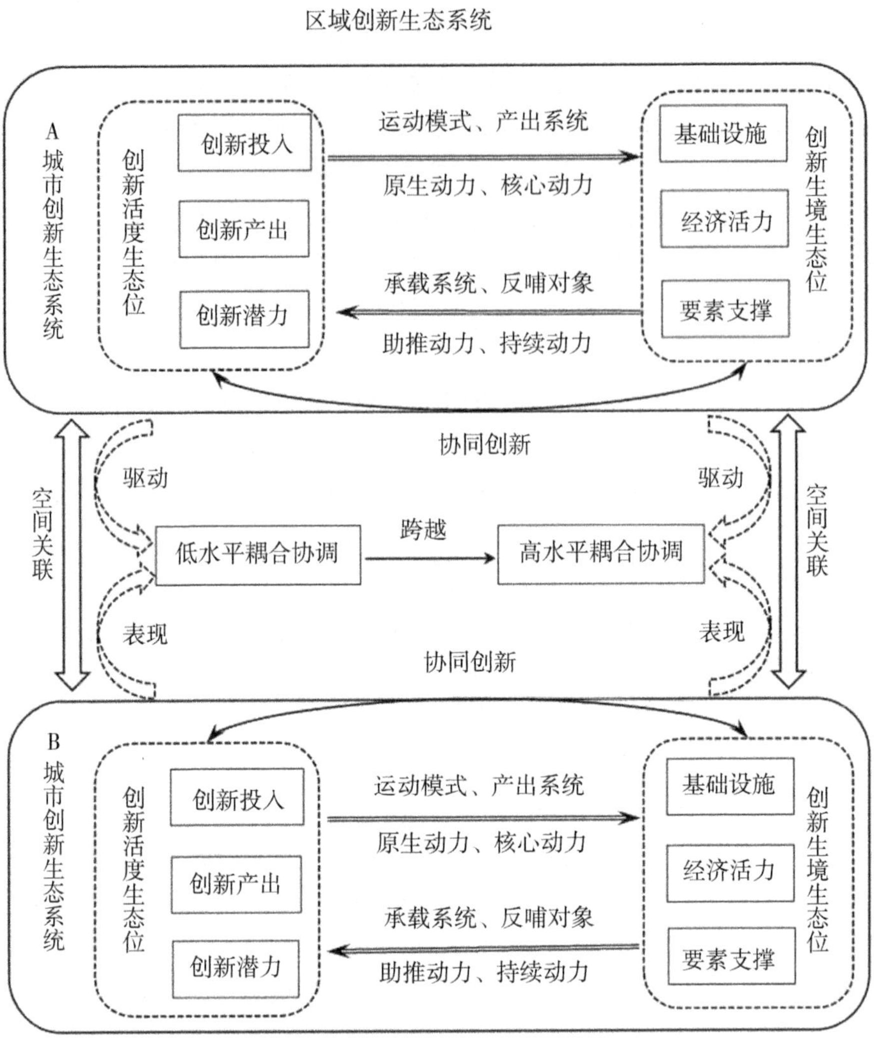

区域创新生态系统

A
城市创新生态系统

创新活度生态位

创新投入

创新产出

创新潜力

运动模式、产出系统

原生动力、核心动力

承载系统、反哺对象

助推动力、持续动力

基础设施

经济活力

要素支撑

创新生境生态位

协同创新

驱动

空间关联

低水平耦合协调

跨越

高水平耦合协调

驱动

空间关联

表现

表现

协同创新

B
城市创新生态系统

创新活度生态位

创新投入

创新产出

创新潜力

运动模式、产出系统

原生动力、核心动力

承载系统、反哺对象

助推动力、持续动力

基础设施

经济活力

要素支撑

创新生境生态位

图5-2　区域创新生态系统耦合机理

（二）研究设计

1. 区域创新生态系统的指标体系构建

基于以上分析，综合考虑已有研究成果与大湾区数据的可得性与一致性，提炼出基于系统层、准则层和指标层的评价体系结构，试图构建完整并体现创新活度生态位和创新生境生态位耦合协调发展程度的区域创新生态系统评价体系，详见表5-12。

表5-12 粤港澳大湾区区域创新生态系统评价指标体系

系统层	准则层	指标层
创新活度生态位	创新产出	专利申请量
		专利授权量
		论文发表量
	创新投入	科研经费投入
		科研人员数
	创新潜力	普通高校在校学生数
		高等院校数
创新生境生态位	基础设施	人均公共财政收入
		公路里程
		医院数
		基础教育教师数
	经济活力	进出口货值
		银行业区位熵
		零售业销售额
		人均 GDP
	要素支撑	城市就业人口
		流动电话用户数

2. 研究方法

（1）CRITIC-熵权法。CRITIC 方法能综合衡量指标间的对比强度和冲突性，但是不能衡量指标之间的离散程度，而熵权法正是根据指标间的离散程度来确定指标权重，综合使用 CRITIC 法和熵权法能够最大限度地减少信息的损失，更加客观地反映区域创新生态系统指标的权重。

（2）耦合协调模型。耦合协调衡量了各子系统在整体演化进程中由无序通往有序、失衡通往平衡、低级通往高级的和谐发展过程。耦合协调模型可以有效量化区域创新生态系统内部协调发展的一致性程度。

（3）标准差椭圆法。标准差椭圆法是一种空间统计方法，可以定量分析区域内某属性的多维空间特征。本部分内容运用标准差椭圆法对粤港澳大湾区创新生态系统耦合协调的地理要素特征进行空间整体性分析，以椭圆的重心、偏角、面积、长半轴及短半轴的变化特征反映空间格局的嬗变规律。

（4）社会网络分析法。社会网络分析法是针对区域空间内节点间的关系数据，具体分析个体地位、网络联系模式及整体网络结构，其基本假设为节点的重要程度取决于该节点与其他节点联结而具备的显著性。

耦合协调空间联系量被用以描述城市间耦合协调度的相互关联、相互影响的情况，刻画了节点城市释放或接收耦合协调辐射的能力。本部分内容参考已有文献研究成果，基于引力模型构建区域创新生态系统耦合协调的空间关联矩阵，同时突破地理距离未考虑地域交通阻抗的局限性，利用百度地图 API 获取节点之间的时间成本，以优化耦合协调引力模型。

$$R_{ij} = k \times \frac{D_i \times D_j}{{t_{ij}}^2} \quad \text{（式5－1）}$$

式中，R_{ij} 为耦合协调空间联系强度，$D_{i(j)}$ 为城市 $i(j)$ 的耦合协调度，t_{ij} 为时间距离，引力常数 k 取 1。

3. 数据来源与处理

为了在整体框架下探究区域创新生态系统的耦合协调机制与时空演化特征，本部分内容以粤港澳大湾区 11 个城市作为空间范围，以 2010—2019 年为时间范围。研究设计的数据主要源于珠三角各地市年鉴、广东省统计年鉴、广东社会统计年鉴、中国统计年鉴、香港统计年鉴、澳门统计年鉴以及香港政府统计处与澳门统计暨普查局的官方数据和世界银行等。

（三）耦合协调度的时空演化特征

1. 耦合协调度的时序演变

运用 Kernel 核密度估计曲线测度创新活度与创新生境耦合协调度的动态演化特征（如图 5－3 所示）。从形状上看，核密度函数均为单峰结构，表明粤港澳大湾区创新生态系统的耦合协调发展未出现明显的极化特征。从位置上看，核密度曲线呈现右偏分布，2010—2019 年的分布曲线表现整体右移的趋势，说明创新生态系统耦合协调的整体状态在持续优化。

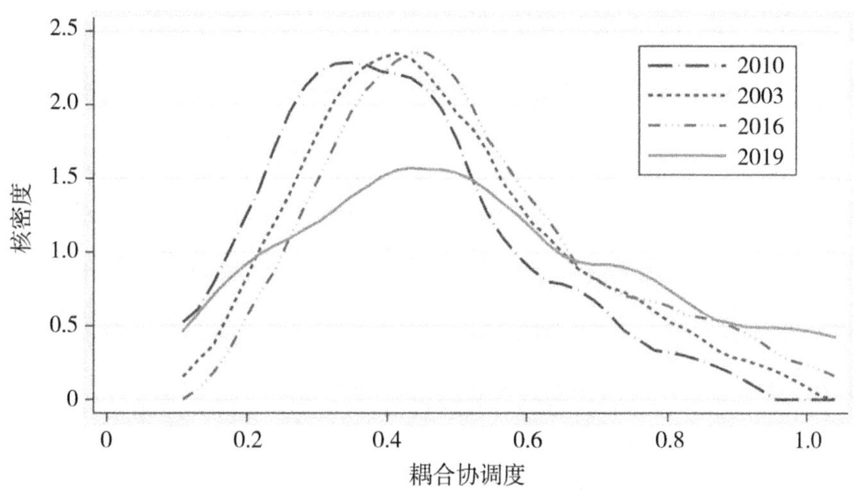

图5-3 耦合协调度的核密度估计

从波峰上看，2010—2016 年主波峰呈现高度上升、宽度变窄的态势，分布区间缩小，说明创新活度与创新生境的耦合协调得分更为收敛，区域平衡性得到改善。而 2019 年的波峰峰值降低、宽度增大，表明区域耦合协调发展差异呈现扩大趋势。2019 年中美贸易战爆发，粤港澳大湾区受到严峻的经济考验，经济实力较弱的城市表现出更差的风险抗性，耦合协调度表现出"强者恒强，弱者恒弱"的马太效应。

2. 重心迁徙和标准差椭圆情况

借助重心模型和标准差椭圆法揭示耦合协调度的整体发展方向与迁徙情况。从重心迁徙来看，2010—2019 年重心分别向西南移动 1.95 千米、向东北移动 0.86 千米、向东南移动 6.84 千米。耦合协调重心总体上往东南方向移动，始末重心相距 7.97 千米，表明粤港澳大湾区东南方向的耦合协调发展水平要优于其他地区，深港集群的协同创新优势突出。此外，2010—2019 年的重心位置皆坐落于广州南部，说明广州是粤港澳大湾区的"创新大脑"，是统合区域内各城市创新生态系统的关键节点。从标准椭圆差来看，主轴呈现东北—西南方向，2010—2019 年，转角减小 15.23。主轴标准差减少 1.36 千米，辅轴标准差减少 0.18 千米，椭圆面积减少 3482.88 平方千米。这表明，粤港澳大湾区耦合协调度呈现向东南迁徙的集聚态势，创新活度与创新生境耦合协调的空间分异特征逐年加强，趋于极化分布。

3. 耦合协调度的趋势面表达

利用 ArcGIS 软件中的趋势面分析工具，通过平滑的数学曲面将耦合协调度进行空间可视化表达，详见图 5 -4。

从曲线变化特征来看，在南北方向上，呈现出“中部高两边低—北方高于南方”的“U”型曲线，且坡度和弧度日趋增大，顶点位置逐渐中移。处于耦合协调高值的广州位于中间偏北，随着深圳、香港、澳门的耦合协调水平的提升，南北差异呈缩小态势，区域平衡性得到一定的改善。而在东西方向上，中部区域的上升演进趋势愈发明显，呈现出从平滑曲线向逐渐增强的抛物线的变化的规律。而耦合协调低值区集中于珠江西岸，肇庆、江门、中山、珠海尚未产生显著的良性耦合互动态势，呈现出一定的失调区域锁定现象。无论是在南北方向还是东西方向上，曲线始终保持向中部凸起的嬗变趋势，位于“广深港澳科技创新走廊”沿线城市的耦合协调发展水平愈发突出，是粤港澳大湾区创新良性互动的优势空间。

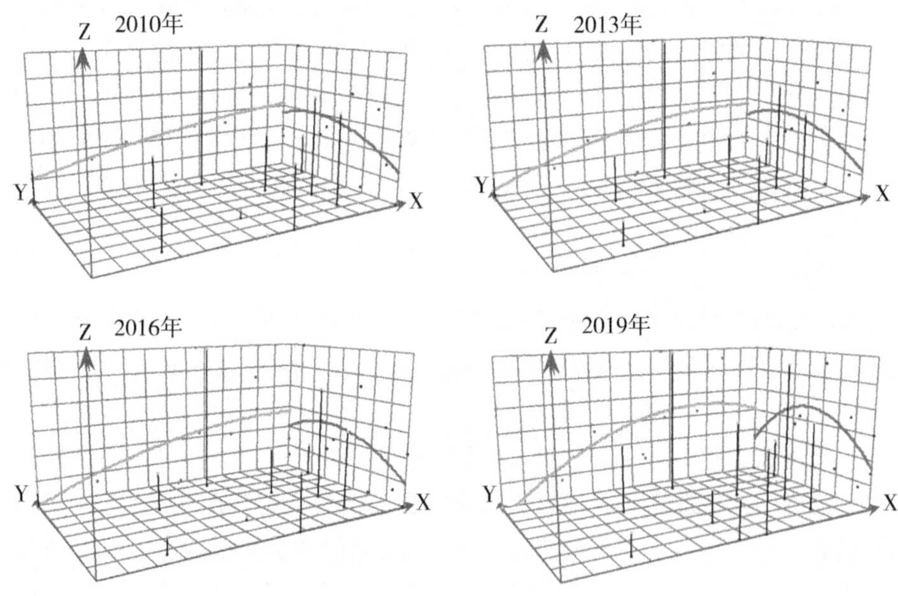

图 5 -4　耦合协调度的趋势面分析

（四） 区域创新生态网络的空间联系分析

1. 耦合协调联系的整体网络空间特征

借助引力模型测算粤港澳大湾区各个城市间的耦合协调空间联系值，并用 ArcGIS 软件构造 2010—2019 年的区域创新生态网络结构。

整体来看，粤港澳大湾区空间联系日益紧密，呈现多核心联动的发展态势。网络中联系强度高的城市组合不仅皆处于中轴核心区且彼此相邻，这说明网络中存在显著的空间交易成本。

2010 年起，深港间已经建立起耦合协调强联系，深圳拥有国内领先的科技创新产业链，而香港具备全球领先的人才基础与金融活力，二者优势互补，通过集群协作形成强大的创新合力。2017 年起，“深圳—香港”创新集群已成为全球第二大创新集聚群，为粤港澳大湾区打造国际科技创新中心打下坚实的基础 。

作为粤港澳大湾区的“创新脊梁”，广深港澳科技创新走廊的辐射扩散效应愈发明显，带动珠海、佛山、东莞等周边城市快速崛起，区域内较强联系甚至是强联系的数量迅速攀升，形成极点带动、轴带支撑、辐射周边的协同发展网络结构。然而，面对 2019 年中美贸易战的外部压力，处于地缘劣势的江门和肇庆与其他城市的联系水平显著下降，难以与核心城市产生有效的协同合作共同抵御冲击，存在被边缘化和孤立化的风险。

2. 区域创新生态网络的中心度分析

将耦合协调空间联系矩阵导入 UCINET 软件中，计算各个城市在不同年份的点度中心度及特征向量中心度，探究粤港澳大湾区各个节点城市在区域创新生态网络中的具体地位与角色，详见图 5 –5。

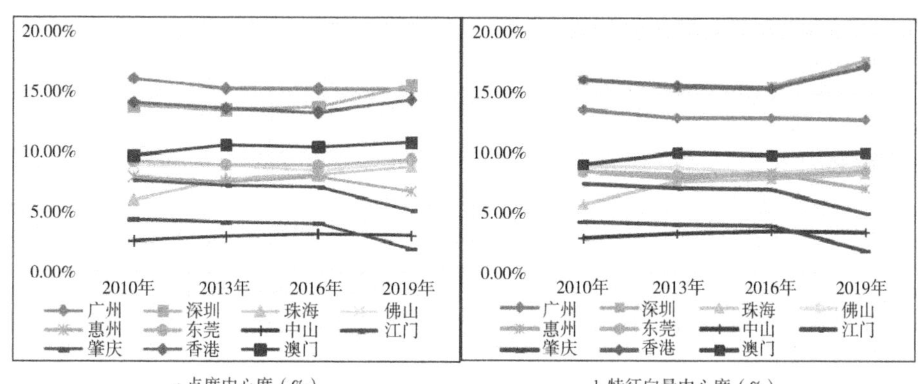

a 点度中心度（%）　　b 特征向量中心度（%）

图 5 –5　粤港澳大湾区耦合空间联系中心度

点度中心度方面，广深港始终把控核心位置，是网络中控制力最强的三个节点。它们通过扩散效应向周围城市释放正向的辐射，带动整体区域协同发展水平的提升。作为粤港澳大湾区城市群的“创新大脑”，广州是促进跨区域协同创新合作的“桥梁”。近年来，深圳凭借金融资本、科技人才等高端要素的集聚优势，点度中心度增长迅速，并在2019年首次超过广州，成为粤港澳大湾区新的协同发展增长极。

特征向量中心度方面，广州的影响力要弱于深圳与香港，且呈逐渐下降的趋势。深港两地占据区位地理优势，通过集群效应深化创新合作，产生了良性的创新互动，“强强联合”促进彼此耦合协调水平增强，提高在区域创新网络中的影响力。

不难发现，在2010年就处于同步发展阶段的珠海两类中心度上升较快，在创新生态网络中的重要性不断提升。而肇庆、江门、惠州未能与其他城市形成良性互动结构，两类中心度均在2019年出现骤降。

3. 区域创新生态网络的核心－边缘结构

通过UCINET软件使用连续的核心－边缘模型来分别测算2010—2019年粤港澳大湾区各城市节点的核数，量化分析网络核心区、半核心区、边缘区的结构特征与嬗变规律，详见表5－13。

表5－13　粤港澳大湾区区域创新生态网络的核心－边缘分析结果

类型	2010年	2013年	2016年	2019年
核心区	广州 深圳 香港	广州 深圳 香港 澳门	广州 深圳 香港 澳门	广州 深圳 香港 澳门
半核心区	澳门 佛山 东莞 惠州	佛山 东莞 珠海 惠州	佛山 东莞 珠海 惠州 江门	佛山 东莞 珠海 惠州
边缘区	珠海 江门 中山 肇庆	江门 中山 肇庆	中山 肇庆	江门 肇庆 中山

显然，区域创新网络的“核心－边缘”空间结构较为显著，且随时间轴不断演化。2013年，澳门和珠海分别跃入核心区和半核心区，珠澳集群的协同影响力开始稳步提升。江门在2016年跻身半核心区后，又在2019年受外部经济形势影响跌落回边缘区。

整体来看，广深港澳多核心协同驱动发展的网络结构初见雏形，在核心极点辐射效应的影响下，半核心城市发展迅速且在核心区建立起稳定的联结。但半核心城市的纽带作用暂未完全发挥，与边缘城市的合作联结相对较少，有合作对象固化、网络联结僵化的风险。而边缘区尚未建立起稳定的跃升路径，存在一定的区域锁定效应。2019 年，国内经济结构调整和国际中美贸易摩擦的双重因素影响，给处于新旧动能转换关键期的粤港澳大湾区带来了巨大挑战。多中心网络格局使得核心与半核心城市的协同合作更为紧密，扁平化的网络结构分散了外部风险，加强了核心区域的结构韧性。但边缘城市的风险耐受性和适应性较差，在受到扰动后与其他城市的创新联系变得更不稳定，难以形成集群合力共同抵御危机。因此，在面对外部环境的突变时，区域创新网络展现出鲁棒性与脆弱性的双重特征。

（五）结论与建议

本研究的结论如下：

第一，粤港澳大湾区耦合协调度随时间变化呈上升趋势。创新活度和生境耦合协调发展的空间指向性较为明显，逐渐形成以“广深港澳科技创新走廊”为脊向四围辐射扩散的空间分布格局。

第二，粤港澳大湾区空间联系日益紧密，“较强联系”甚至是“强联系”的数量迅速攀升，形成极点带动、轴带支撑、辐射周边的协同发展网络结构。面对 2019 年中美贸易战的外部冲击，江门和肇庆与其他城市的联系水平显著下降，存在被边缘化的风险。

第三，广州、深圳、香港的中心度均较为突出，是网络的核心节点。在 2010 年就处于同步发展阶段的珠海，两类中心度在 10 年来显著提高。区域创新生态网络的“核心 – 边缘”空间结构较为显著，表现出鲁棒性与脆弱性共存的双重特性。

基于以上分析，本文提出以下三点建议：

第一，降低空间交易成本，增强系统联通性。完善粤港澳大湾区的空间综合交通体系，优化资源配置的精度与效率，同时通过加强跨区协同创新法律与产权保护制度弱化创新主体的跨区合作成本与制度障碍，以交通基础设施“强联系”搭配政策体制“软对接”共同推进区域创新生态系统耦合协调发展。

第二，因地制宜创新模式，提高系统多样性。因地制宜地制定发展战略，避免产业布局同质化现象，深化区域功能的错位发展优势。加强核心与边缘城市之间的异质性联结，在人才、资金、项目等方面提供定向帮扶，突破失调区域锁定效应，提高边缘城市综合抵御风险能力。

第三，延伸创新食物链，提升系统开放性。强化粤港澳大湾区创新生态系统的开放性，弱化地缘边界的制度阻碍，加强系统内外部联结。多领域、多产业、多维度地拓展跨省域乃至跨国的协同创新合作，在上下游两端延伸创新食物链，拓宽区域创新生态网络的联结范围。

五、基于海域承载力视角的粤港澳大湾区海洋产业高质量发展策略研究[①]

（一）引言

党的十九大报告明确提出要“坚持陆海统筹，加快建设海洋强国”。海洋强国建设是一项系统性大工程，涉及海洋事业的诸多领域。其中一个重要方面就是注重海洋生态文明建设：坚持节约优先、保护优先、自然恢复为主的基本方针，加强对海洋生态环境的保护，推动污染防治和生态修复并举，注重开发利用海洋资源的可持续性，维护海洋自然资源的再生能力。特别是在当前全国积极贯彻落实习近平生态文明思想的背景下，如何在维护好海洋生态环境的前提下实现海洋经济高质量发展，是一个重要的理论和实践问题。

在海洋强国建设总体区域格局中，粤港澳大湾区是最重要的组成区域之一。它不仅是习近平总书记亲自谋划、亲自部署、亲自推动的国家重大区域发展战略，而且是“21 世纪海上丝绸之路”重要桥头堡。随着 2019 年 2 月中央正式印发《粤港澳大湾区发展规划纲要》，这一区域已经成为当前全国海洋经济实现高质量发展的重要先行区。

然而，粤港澳大湾区在四十多年的改革开放发展过程中，部分区域生态环境情况不容乐观，引发的生态问题已严重威胁到沿海地区经济社会可持续发展。因此，必须及时调整过去粗放的发展模式，科学制定地区未来的发展道路，遏制盲目的海洋开发活动，有效保护海洋生态环境，在社会、经济与生态之间探求一种使社会总体福利最大化的平衡，使粤港澳大湾区走上一条城市、产业与生态协调发展的健康道路。这就要求我们必须摒弃过去单纯依照传统生产力布局理论思考粤港澳大湾区涉海地区布局海洋产业的做法，将

① 本文作者为国家海洋局南海规划与环境研究院李宁、王琰，广东财经大学海洋经济研究院王方方。

生态环境作为一项重要的决策因子纳入布局方案，使生态环境保护成为粤港澳大湾区海洋经济高质量发展的基本前提。于是，海域承载力这一概念逐渐进入政府管理部门、实业界和学术界的视野，在粤港澳大湾区海洋经济实现高质量发展过程中逐渐显示出重要作用。一般认为，海域承载力关注的是特定海域的海洋生态环境对海洋产业的支撑力及对海上、陆源污染物的承载能力。

因此，从海域承载力视角研究其与海洋经济之间的关系，对于海域资源合理开发利用和海洋经济质量提升有重要研究意义，也有利于进一步完善区域经济布局的理论体系，优化传统的产业布局理论。另外，本文对促进生态环境系统比较脆弱但却承载着更多人口、城市和产业集群的海岸带地区的可持续发展具有重要的现实意义。本文先从理论层面论述海洋产业与海域承载力之间发生作用的影响因素和作用机制，接着通过探索构建评价指标体系、运用 DP 决策模型对粤港澳大湾区各城市的海洋产业发展策略进行分析，最后再基于研究结果提出具有针对性的政策建议。

（二）海洋产业发展与海域承载力作用机制

1. 海洋产业发展战略选择的影响因素分析

一个地区海洋产业发展的战略选择会受到很多因素的影响。总体来说，海洋自然条件、社会经济条件以及科技发展水平等多种因素的共同影响，决定了不同的海洋产业发展战略。

（1）海洋自然条件因素。最原始的海洋产业（如渔业、盐业、交通运输业等）对自然条件的要求比较高，当不能满足这些要求时将严重降低上述产业布局的经济效益。时至今日，尽管科技水平不断进步对海洋产业的自然条件要求有所降低，但多数临海产业依然是典型的资源开发型产业，它们都是通过对某种海洋资源进行直接或间接的开发利用而形成、存在和发展的。因此，海洋资源的种类、储量与质量等级、赋存环境、空间分布等自然条件对这些海洋产业的选择和布局具有重要的基础性影响，甚至是决定性影响。自然因素对海洋产业选择和布局的影响是客观的，通常难以通过人为力量加以改变或控制，始终是影响海洋产业发展的最基本因素。

（2）沿海社会经济因素。社会经济因素是指历史上遗留下来的产业基础、经济管理水平、政策法律环境等，其中尤以产业基础最为重要。在几十年甚至上百年的发展过程中所形成的产业发展水平、产业分布情况等因素，是思考下一阶段海洋产业布局的思维原点。除此之外，由于海洋产业与陆地产业存在较强的陆海统筹发展需要，影响海洋产业选择的因素还包括相关区域陆地产业的发展情况。在陆地产业发展较好、与海洋经济关联密切的地区推动原有海洋产业转型、布局新兴海洋产业，不仅有利于充分利用当地陆海资源，使海洋产业在短期内实现较快发展，而且也有利于进一步提升当地海洋产业与陆地产业的融合发展。当然，随着生活质量不断提升，人们对青山绿水、宜居宜业的生态环境要求也越来越高，社会发展主要矛盾的变化会促使人们重新思考海洋产业的选择策略和布局要求。在粤港澳大湾区内特别是临近珠江口的海域，人们对产生较大污染的海洋化工业、海水养殖业、海洋矿业等产业逐渐产生了排斥心理，因而对海洋旅游业、海洋交通运输业的发展则提出了更高的环保要求。

另外，法律法规和经济政策也会对海洋产业的选择和布局产生引导性的影响。法律法规和经济政策是政府调控海洋产业发展的两种主要政策工具，它们代表了政府对海洋产业选择的态度。法律法规的执行具有强制性，而优惠或严格的税收、金融、用海、用地等政策会通过影响企业的投资收益率，引导企业对海洋产业、重大投资项目进行区位选择，进而影响海洋产业的宏观布局。因此，法律法规和经济政策对海洋产业发展的形态及演化方向的影响不可忽视，特别是在某些发展基础较为薄弱但资源条件禀赋良好的区域甚至会产生决定性影响。

（3）海洋科技因素。随着时代进步，科学技术对海洋产业布局的影响力越来越大：一是科学技术进步提高了海洋资源利用的深度和广度，可使以前“相对无用”的海洋资源变为对人类有用的海洋资源，或使原有海洋资源获得新的使用价值和经济价值，由此催生出一批新产业、新业态、新模式；二是科学技术进步大大拓展了海洋产业布局的空间，改变了传统的海洋产业布局形态。例如，随着大型渔船修造技术和海洋捕捞技术的长足进步，海洋捕捞业由近海走向远洋、由浅水走向深水，并且催生出了海水产品深加工等业态，实现了海洋渔业附加值的显著提升。因此，海洋科学技术是现代海洋产业发展的创新动力，是考虑海洋产业布局不可忽视的重要因素之一。

2. 海洋产业发展与海域承载力之间的作用机制

可以看出，随着时代的进步，海洋产业发展与海域承载力之间的关系越来越密切。一个区域对海洋产业发展战略的选择、努力发展的海洋产业类型和具体的海洋产业布局都必须在自然资源条件、经济社会基础、科技水平所允许的范围之内进行，并且随着人们对更高生活质量的追求变得越发迫切。显而易见，海域承载力为区域海洋产业的发展提供了必要的海洋自然资源条件，同时还承受了海洋产业发展所产生的环境污染压力。当然，一个地区的海域承载力不是恒定不变的，是伴随着海洋科技的进步、海洋环境政策的实施而变化的。二者之间的影响机制详见图5－6。

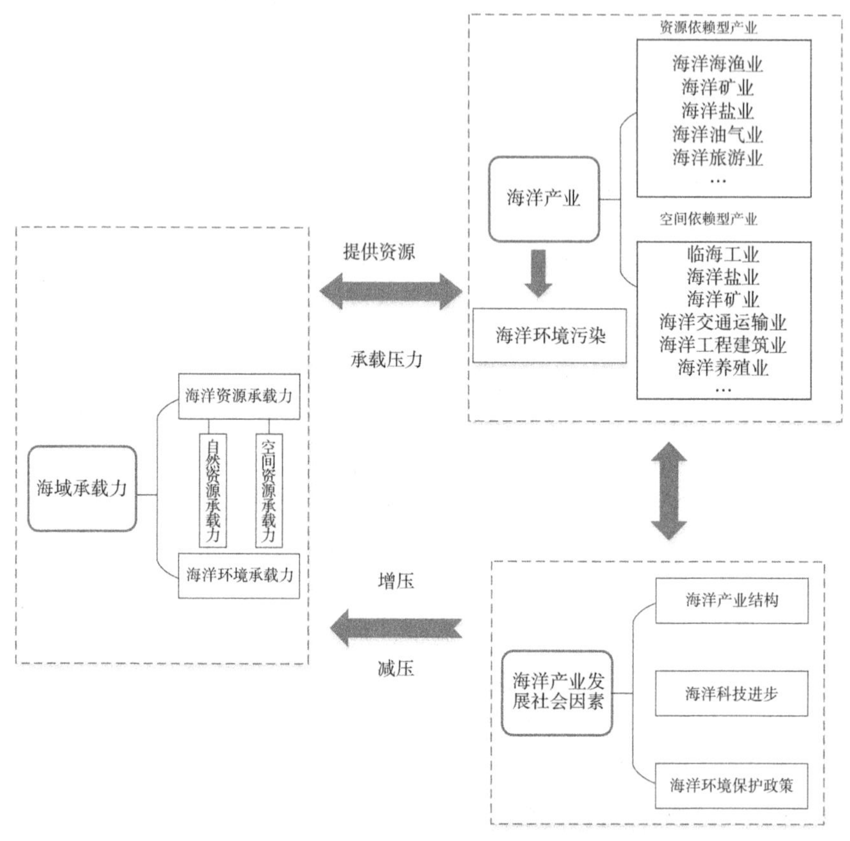

图5－6　海洋产业发展与海域承载力的影响机制

（1）海域承载力对海洋产业发展的影响。海域承载力所包含的自然资源条件为资源依赖型海洋产业的发展提供所需的自然资源要素，是海洋产业发展的基础线。海洋渔业、海洋油气业、海洋旅游业等产业本身就是在对相应海洋资源进行开发的过程中产生的。这些资源开发活动会影响相应海域资源的承载力，随着海洋产业的发展，这些资源的承载力也发生着相应变化。尤其是完全改变海洋资源自然属性的开发利用方式，会对海域承载力产生不可逆转的影响。

（2）海洋产业发展对海域承载力的影响。海洋产业发展带来的海洋资源开发活动，产生了相应海洋资源的损耗，并且开发强度越大，资源量耗减得越快。同时，海洋产业活动或多或少都会对海洋环境产生一定污染，降低一定范围内海域所能容纳的污染物总量。随着海洋产业的发展，海洋产业活动污染物排放强度不断增加。当海洋产业活动污染物排放强度达到海洋环境承载力所能容纳的最大量时，该海域将无法再承载新的人类经济活动。

相对来说，对海域承载力影响较大的海洋产业主要包括海洋渔业、海洋油气业、海洋化工业、海洋船舶制造业、海洋工程装备制造业等，而对海域承载力影响较小的海洋产业主要包括海洋电子信息业、海洋药物和生物制品业、海洋可再生能源利用业、海洋旅游业、海洋服务业。因此，在考虑海域承载力的前提下，根据各地区不同的经济社会发展条件和海域承载力情况，相关部门需要科学论证后选择适宜的海洋产业类别进行发展，不能凭主观臆测。

（三）基于海域承载力的海洋产业发展战略实证分析

1. 评价指标体系构建

海洋作为一个包含多个子系统互动反馈的复杂巨系统，其现实的承载状况可以通过一系列评价指标体系加以定量分析。该评价指标体系应当科学地反映海洋人地系统内部“人”“地”相互作用的内容、形式与手段等多方面的属性特征，按相互之间的隶属关系组成有序集合。

在构建海域承载力评估指标体系时，主要基于系统性、代表性、动态性、可操作性等原则进行指标筛选。具体来说，在指标的选取上要以海域的压力、承载力、外部环境等相关指标为主，又涉及海区内海域承载力本身所包含的结构、资源消耗状况、经济与社会状况、产业发展情况等方面。据此，本文初步设定的指标体系包括三级指标：第一级指标是海域承载力水平；第二级指标包括海域承载力的经济、社会、资源承载 3 个二类指标；第三级指标是具体细类指标，共计 18 个，详见表 5 – 14。

表 5－14　海域承载力状况监测与评估指标体系

一级指标	二级指标	三级指标
海域承载力状况	经济指标	海洋生产总值
		海洋第三产业比重
		金融机构本外币贷款余额
		全社会固定资产投资
		按经营单位所在地分货物进出口总额
		入境旅游接待能力
	社会指标	居民人均可支配收入
		研发经费投入强度
		涉海专利申请量比重
		近岸海域各类海洋观测站点数
		文化及相关产业增加值
		各类医疗卫生机构数
	资源承载指标	单位海域承载人数
		沿海地带工业废水排放量率
		污水处理场集中处理率
		单位 GDP 电力消费量
		清洁海域比例
		生态修复岸线占全市岸线比例

2. DP 评价方法简介

政策指导矩阵（directional policy matrix，简称“DP 矩阵”）是由荷兰皇家壳牌公司创立的一种新的战略分析技术，在波士顿矩阵（boston consulting group matrix，简称“BCG 矩阵”）的原理基础上发展而成。以往学者们在研究中所采用的 BCG 矩阵虽然能够指明研究对象的现有状况，但对于将来的指导意义不大。DP 矩阵这通过对研究对象竞争能力和未来发展前景的定量综合分析来定出各主体的位置，指出了在不同情况中应当采用的具体策略，更适合在制订战略中使用。该矩阵模型通过从市场前景和竞争能力两个维度对研究对象进行考察，并将其分为强、中、弱三类。由此，DP 矩阵被分为 9 个不同的战略方格，共计三大战略区间，落入不同区间的地区需要采取不同的战略方式，制订不同的发展战略和实施策略。

根据上述理论，制订粤港澳大湾区海洋产业与海域承载力 DP 战略矩阵模型。该政策指导矩阵是一个“3×3”矩阵，对应不同的阶段，通过所构建的指标体系得出各研究对象所处阶段，并找出各个阶段所对应的战略对策，从而实现其发展的最优路径。本文对 DP 战略矩阵进行修正，总结以往学者指标体系的构建，从海域承载力和海洋经济两个方面构建指标体系，以粤港澳大湾区为例，构建海洋产业战略选择 DP 矩阵，将 DP 矩阵分为强、中、弱三类，由此 DP 矩阵被分成三大战略区间，分别是稳定发展战略、密切关注战略和调整战略，再将上述定位结果转入 DP 战略矩阵图中，以使结果更加直观。根据 DP 战略矩阵图，明确指出落入不同区间的不同城市应当选择的具体发展战略。粤港澳大湾区海域承载力发展战略 DP 矩阵如图 5－17 所示，图中 X 代表调整战略、Y 代表密切关注发展战略、Z 代表稳定发展战略。

海洋资源承载力	较弱	平均	较强	
	Y	Z	Z	较强
	X	Y	Z	平均
	X	X	Y	较弱

海洋经济发展潜力

图 5－7 粤港澳大湾区海域承载力发展战略 DP 矩阵

3. DP 实证结果分析

（1）变量选取及数据来源。本文的数据来源：①经济社会指标数据来自《广东统计年鉴》《国民经济和社会发展统计公报》；②资源承载指标数据来自《海洋环境质量公报》《海洋环境状况公报》；③其他数据来自各部门管理机构，如旅游方面数据来自各市旅游局网站等。为消除量纲，采用极值标准化法，对原始数据进行标准化处理，对少数缺失数据利用均值法填补处理。指标体系中各项指标的权重选择最常用的熵值法进行计算。

根据有关研究，DP 矩阵中得分数值大于 0.15，表示该城市在这项指标上位于粤港澳大湾区平均水平之上；反之，则在平均水平之下。大于 0.3，表示该城市在这项指标上处于粤港澳大湾区显著领先地位。

（2）实证结果及分析。分别计算粤港澳大湾区 11 个城市的各子系统得分和总得分，由此得出，粤港澳大湾区各城市间的海域承载力水平呈现出一定的异质性特征。大湾区内临近珠江口的城市，如广州、中山、东莞等，海域承载力相对较低。深圳、珠海、澳门、香港的海域承载力较高一些，而江门、惠州的海域承载力最高，明显呈现出与各市经济社会发展水平相背离的现象。本文对粤港澳大湾区各城市进行聚类分析，将海域承载力相对较低的城市列为类型Ⅰ城市，将海域承载力较高一些的城市列为类型Ⅱ城市，将海域承载力最高的城市列为类型Ⅲ城市。

根据上述 DP 矩阵的分析结果，可以看出，基于海域承载力与海洋经济的耦合影响机制，在粤港澳大湾区内进行海洋产业发展战略研判时应根据各城市实际选择有所区别的发展战略。

1）鼓励发展型海洋产业战略选择。对于类型Ⅰ城市而言，优先发展的海洋产业应该包括海洋电子信息业、海洋药物和生物制品业、海洋可再生能源利用业、海洋旅游业、海洋服务业等。广州、中山、东莞等城市，陆地经济较为发达，但相对而言因其所辖海域属于珠江口这一开发利用强度较大的区域，海域生态环境压力也较大，海域承载力较弱，因此，应该重点发展对海洋资源、生态环境影响较小的产业，推动海洋经济高质量发展。其中，海洋电子信息业、海洋药物和生物制品业、海洋可再生能源利用业、海洋旅游业、海洋服务业等产业在Ⅰ类城市已经有了良好的发展基础，拥有一批在国内省内较为知名的海洋企业。下一步可在认真落实《粤港澳大湾区发展规划纲要》的基础上，加快推进海洋电子信息业、海洋药物和生物制品业、海洋可再生能源利用业、海洋旅游业、海洋服务业的发展。

对于类型Ⅱ城市而言，优先发展的海洋产业应该包括海洋工程装备制造业、海洋旅游业、海洋特色服务业等。对于深圳、珠海、澳门、香港而言，应在有效保护海洋生态环境的前提下，大力发展特色海洋产业，如海洋旅游业和海洋服务业，坚持“有所为有所不为”的原则，提高海洋经济发展质量。因此，下一步应在认真谋划海洋经济顶层设计，落实相关规划、政策的基础上，关注海洋旅游、海洋特色服务业。例如，可深入挖掘旅游资源，打造高端品牌、精品路线，重点发展边境游、海岛游等富有地域特色的项目，推动海洋旅游业发展取得新突破，并积极发展现代海洋服务业和涉海金融服务业。

对于类型Ⅲ城市而言，优先发展的海洋产业应该包括海洋旅游业、海洋渔业、海洋交通运输业等。根据 DP 矩阵分析结果，江门、惠州等地海域承载力和海洋经济发展情况良好，未来应在有效保护海洋资源环境的基础上，基于其自然资源禀赋优势，大力推动海洋经济高质量发展。为促进上述海洋产业发展，应该在海洋旅游业发展方面，重点抓住当前国内游轮游艇产业发展机遇期，建设粤港澳大湾区游轮游艇重要节点城市，开发特色游轮旅游、游艇旅游航线，配套改革游轮游艇管理政策。在海洋交通运输业方面，应加快对港口资源的整合、优化、调整，形成差异化发展格局，推动港区、产业、城市联动融合发展。在海洋渔业方面，促进渔业生产方式向“耕海”“养海”转型升级，积极推动培育深远海增养殖、海洋牧场示范、休闲渔业、“互联网 + 渔业”等渔业新业态。

2）集约发展型海洋产业战略选择。对于类型Ⅰ城市而言，集约发展的海洋产业应该包括海洋渔业、船舶和海洋工程装备制造业、海洋化工业、海洋交通运输业。海洋渔业方面，远洋渔业和深水网箱养殖是构建现代渔业产业体系的重要发展方向，可积极推动捕捞和养殖走向“深蓝”，对近海捕捞渔船进行减船转产，同时推动传统海洋捕捞产业转型升级，从近海走向深海、远洋。加大科技兴渔力度，通过与中集集团、中船重工等大型企业合作，在推进渔船更新改造和清理近岸违规养殖的同时，引导渔民和企业发展深水网箱养殖和集装箱养殖。海洋船舶与海洋工程装备制造方面，应大力推进海洋船舶与海洋工程装备产品结构优化升级，以散货船、油船、集装箱船三大主流船型为重点，提高船舶研发设计能力以及海洋工程装备总包、设计能力。海洋化工业方面，依托重点园区助力培育发展产业链集群，现有石化产业园区提质增效。海洋交通运输业方面，推动港口优化整合，继续积极开拓内外贸集装箱班轮航线，优化航线布局。

对于类型Ⅱ城市而言，集约发展的海洋产业应该包括海洋渔业、海洋交通运输业、船舶和海洋工程装备制造业。其中，就海洋交通运输业而言，应加快建设港口重载铁路等配套基础设施，开展航运电子商务、国际海事服务体系建设，服务内陆区域以及“一带一路”沿线省份和国家海铁联运的需求。在船舶和海洋工程装备制造业方面，重点发展高技术船舶和特色船舶，延伸发展深远海关键装备设计建造技术，增强海洋工程装备高端产品总装建造能力。充分发挥城市对科技成果转化应用的强劲带动能力，加强“政产学研用金”协同创新。

对于类型Ⅲ城市而言，集约发展的海洋产业应该包括海洋渔业、海洋可再生能源利用业、海洋电子信息产业。培育发展深远海智能养殖渔场、现代化海洋牧场、渔港经济区等渔业发展新业态。重点推动海上风能项目建设，鼓励联合前两类城市有关科研机构，在粤港澳大湾区海上风电产业链建设方面提供海洋空间资源支持。结合陆上电子信息产业发展基础，以数字产业化和产业数字化发展为导向，积极推动下海发展。

（四） 结论及建议

基于指标构建及 DP 矩阵分析的结果，本文发现：粤港澳大湾区各城市的海域承载力差异较大，而且呈现出与经济社会发展水平相反的事实特征。海域承载力较高的城市，经济社会发展水平较低；而海域承载力较低的城市，经济社会发展水平较高。就粤港澳大湾区海洋经济发展水平而言，总体仍处于“环境库兹涅茨曲线”的 U 型底端阶段。

海域承载力较低但海洋经济发展水平较高的城市，应注重制定、落实海洋资源环境保护政策来减少工业废水和固体废弃物的入海排放量，提升环境治理水平，促进经济投资的可持续发展。海域承载力较高同时经济社会发展水平也较好的城市，则适合制定长期灵活强度的资源环境政策和经济政策，继续重视科研投入和科技研发，用科技创新带动海洋经济高质量发展。海域承载力较高但经济社会发展水平较低的城市，宜制定短期中等强度的资源环境和经济政策。这三类城市的资源环境政策和经济政策的目标是一致的，都是要保证海域承载力和海洋经济效益协调发展。具体到海洋产业战略选择，粤港澳大湾区内各城市应考虑不同的鼓励发展型产业和集约发展型产业。

据此，本文对粤港澳大湾区内各有关城市的海洋产业发展提出以下四点建议：

（1）提高海洋经济发展支撑能力，加强海洋科技创新水平。粤港澳大湾区是我国海洋科研和国际交流基地，海洋科研、教育学科门类比较齐全，设备比较完善，海洋科技密集程度居全国前列。因此，应充分发挥粤港澳大湾区海洋科研整体水平较高的优势，依托现有学科综合优势和海洋资源开发潜力，优化科技资源配置，着力发展海洋高新技术，加强关键技术和共性技术的攻关力度，构筑创新团队，增强自主创新能力，提高科技进步贡献率，取得一批原创性成果。

（2）提高海洋生态系统支持能力，加强海洋环境保护修复。始终把推行清洁生产、低碳生产作为实施可持续发展战略的重要方面和建立环境与发展综合决策机制的重要内容，切实转变工业经济增长和污染防治方式，真正把预防污染放到首位，并在法规、政策、资金、措施上予以保证，做到从源头上消减污染。完善海洋环境监测体系，定期定量分析各要素的化学变化规律、迁移规律和停滞时间，合理利用海湾水体的交换自净能力，建立沿海陆域污染物的控制机制，加大污染源治理和区域污染整治力度，提高海域承载力总体水平。

（3）提高全社会支撑海洋发展能力，突出可持续发展软实力。围绕当前海洋科技面临的重大问题，有重点地解决海洋资源开发利用中的关键技术问题，提高海洋科技产业化程度和对海洋环境的保护能力，加快海洋科技成果转化。培育和壮大海洋文化产业，倾力打造海洋文化品牌，加快建设一批海洋文化基础设施，举办具有特色的海洋文化节活动，加强海洋法律法规宣传贯彻，烘托出海洋文化的浓厚氛围，让普通民众的海洋意识、海洋环保意识及海洋知识得到显著提升，为全社会树立起海洋可持续发展战略理念夯实基础。

（4）提高海洋宏观管理能力，推动海洋综合治理现代化。加强政府管理能力建设，制定或及时更新相关的法律法规并确保其得以有效地实施。加强对海洋资源开发与保护有关法规、体系的建设，已过时或不完善的应尽快更新，存在空白的应抓紧时间制定。探索改变现有海洋管理分散化的体制机制，强化有关管理部门的沟通协调，提高政府综合治理能力，使粤港澳大湾区的海洋资源综合优势和发展潜力得到充分的发挥。

Ⅵ

展望编

一、立足世界经济新形势，谋划后疫情时代广东海洋经济新布局

（一）当前广东海洋经济发展外部形势研判

1. 疫情对全球经济发展的影响逐步减弱，海洋经济增速有望回升

世界银行于2022年1月11日发布《全球经济展望》，认为全球经济增速2020年降至3.4%，2021年则快速反弹至5.5%，主要是由于疫情防控措施的放开使需求强劲增长。疫情对全球经济的影响将逐步减弱，国际大宗商品的供应将得到改善。克服全球产业链合作瓶颈，恢复全球供应链、产业链稳定和可持续发展将成为各国的共识。

2. 俄乌冲突影响下全球经济不稳定性增加，海洋经济发展速度放缓

国际货币基金组织（IMF）于2022年7月发布的《世界经济展望报告》指出，俄乌冲突给世界经济带来诸多负面影响，地缘政治分裂可能会阻碍全球贸易与合作，在与新冠疫情等问题的叠加之下，对2022年和2023年全球GDP增速的预测分别下调至3.2%和2.9%。伴随着全球经济不稳定性的增加，海洋经济的发展也将面临更多的挑战。

3. 经济低迷环境下海洋经济成为新增长点，海洋产业竞争加剧

在全球经济低迷的大环境下，许多国家开始将海洋经济视为后疫情时代区域经济的新增长点，致使全球海洋经济活动增加，海洋产业竞争更加激烈，海洋环境压力加大。其中，新兴经济体的快速发展，将促进全球海洋产业分工转移和结构调整，推动贸易活动重心逐渐东移，重塑全球海洋市场布局。

（二）新形势下谋划广东海洋经济新布局的基本思路

1. 以顶层规划为视野，优化广东海洋经济总体布局

基于新冠疫情和国际变局的双重扰动，未来要推动广东海洋经济高质量发展，就应更加重视对世界经济形势的科学研判，优化海洋产业发展的规划与设计，不断促进海洋经济发展过程中相关利益主体的协同合作，增强海洋经济发展政策的科学性、合理性和有序性，提升海洋产业的竞争力，推动海洋经济可持续发展，进而优化海洋经济总体布局。

2. 以科技创新为核心，促进广东海洋经济转型升级

海洋科技创新一直是推动海洋经济发展的核心要素。从美国、日本、英国、欧盟等传统海洋强国和地区的发展历史来看，海洋科技计划在其海洋经济的建设和布局中占据着重要地位。当前，世界各国更是将人工智能、信息技术等与海洋装备产业、海洋船舶制造业紧密联系起来，海洋监测、海洋勘测技术开始走向深远海。未来要推动广东海洋经济高质量发展，就应更加重视以海洋科技创新赋能海洋新兴产业，促进大数据、人工智能、信息技术与传统海洋产业的融合与发展，进而促进海洋经济转型升级。

3. 以国际合作为导向，推动广东海洋经济全面开放

当前，虽然大国博弈加剧致使逆全球化思潮有所凸显，但全球化与合作共赢仍然是大势所趋。海洋经济本质上属于开放型经济，未来要推动广东海洋经济高质量发展，就应更加重视加强海洋产业投资交流和海洋各领域的国际合作，包括推进航运港口建设、支持国际港口间互动、推动临港海洋产业园区布局建设等，不断拓展海洋经济合作发展新空间，进而推动海洋经济实现全面开放。

二、构建海洋生态经济圈，引领广东海洋经济绿色、可持续发展

（一）构建粤港澳大湾区海洋生态经济圈的实践价值

1. 构建粤港澳大湾区海洋生态经济圈是积极践行绿色发展理念的必然选择

在能源资源约束趋紧、生态环境问题严峻、粗犷式发展模式难以为继的当下，绿色发展已成为必然趋势。因此，要建设世界级湾区，海洋生态环境质量也应瞄准世界级水平。粤港澳大湾区需要在“宜居宜业”的目标要求下，推进重点流域和海洋的治理，走一条节约资源、保护环境的绿色发展之路。通过空间结构的整合与优化，构建既有分工又有合作的粤港澳大湾区海洋生态经济圈，建立利益激励与补偿的体制机制，促进经济要素空间流动和资源共享，进而实现生态经济圈内外协同、生态经济相互协调的可持续发展。

2. 构建粤港澳大湾区海洋生态经济圈有利于推动区域经济的协调联动发展

粤港澳大湾区海洋生态经济圈的建设与协同发展，能够形成粤港澳大湾区中心城市的优质生态圈和生活圈，提升其全球资源配置力和综合竞争力，确保其在带动整体区域发展上的持续核心引领地位。与此同时，大湾区海洋生态经济圈建设形成的内外生态与经济充分联通交汇，能够有效发挥各自比较优势，协调我国东南部地区内陆腹地的平衡发展，消解现阶段阻碍这些地区充分发展的难题。

3. 构建粤港澳大湾区海洋生态经济圈能够打造海洋经济高质量发展的范本

一方面，粤港澳大湾区海洋生态经济圈作为区域生态与经济协调、区域发展平衡、资源配置高效的发展模式，可复制到其他区域，为其他地区的高

质量发展提供新的实践路径，最终有效解决不平衡不充分的发展问题；另一方面，粤港澳地区不同政治经济制度下的海洋区域合作发展，可为大陆与台湾地区在海洋经济领域开展合作进而实现共赢提供经验，为实现海洋强国战略目标提供借鉴。

4. 构建粤港澳大湾区海洋生态经济圈将为新时期的广东海洋经济布局提供有力支撑

“十四五”时期，广东将推动陆海一体化发展，加快形成“一核、两极、三带、四区”的海洋经济发展空间布局。所谓“一核”是指着力提升珠三角核心区发展能级；“两极”是指以汕头、湛江为极点，加快发展东西两翼海洋经济；“三带”是指统筹开发海岸带、近海海域和深远海海域三条海洋保护开发带；“四区”是指聚力建设海洋高端产业集聚、海洋科技创新引领、粤港澳大湾区海洋经济合作、海洋生态文明建设四类海洋经济高质量发展示范区。粤港澳大湾区海洋生态经济圈的形成能够从生态发展、区域协同、产业集聚、科技创新等方面引领广东海洋经济发展空间布局的优化，进而逐步迈向高质量发展。

（二）构建粤港澳大湾区海洋生态经济圈的基本方略

1. 加快建设世界一流海洋港口，提高粤港澳大湾区海洋经济开放层次与水平

与世界三大湾区的港口相比，无论是港口集群化，还是港城港陆协同关系，粤港澳大湾区都存在明显不足。因此，要把港口作为陆海统筹、走向世界的重要支点，畅通蓝色经济大通道，以香港、澳门、广州、深圳等城市的海港作为开放经济网络中的节点群，打造多层次、立体化的海洋开放合作大平台，推动与各国和相关国际组织建立蓝色伙伴关系，构建海洋产业联盟，共建海洋产业园区。

2. 加快建设粤港澳大湾区海洋产业体系，培育具有鲜明特色的优势产业集群

沿海是发展海洋经济的核心区域，也是现代海洋产业的集聚区；远海则是优化海洋开发空间格局和资源利用的关键枢纽。因此，要把培育现代海洋产业与优化大湾区海洋开发建设空间布局有机结合起来，着力构建具有粤港澳特点的远近结合、层次鲜明的空间新布局，打造大湾区海洋经济发展新高地。

3. 加快建设绿色海洋生态环境，促进粤港澳大湾区海洋开发向可持续发展型转变

要聚焦破解粤港澳大湾区海洋开发与保护不协调的难题，着力推动海洋绿色低碳发展、海洋生态保护修复以及海洋生态文明制度体系完善。针对大湾区重开发、轻保护以及用海海域紧缺与闲置浪费等问题，应从促进大湾区海洋开发向循环利用型转变着眼，深化大湾区海洋开发保护体制机制改革，走出一条开发与保护相互协调的可持续发展之路。

4. 加快建设海洋生态产业链，打造广东海洋经济高质量发展新引擎

要深化广州和深圳在海洋生态产业中的高效互动与创新合作，以广深双城联动构筑起广东海洋经济高质量发展的核心驱动力。与此同时，依托汕头、湛江等市省域副中心城市的建设，为海洋经济东西双翼赋能。通过推动“一核、两极、三带、四区”的海洋经济发展空间布局，加快构建和完善海洋产业生态链，不断激发涉海企业创新活力，为广东海洋经济高质量发展注入全新动能。

三、依托数字经济新引擎，推动新时期广东海洋经济高质量发展

（一）广东在数字经济发展方面的优势

1. 广东在数字基础条件方面占有优势

据统计，2020 年广东省数字经济增加值规模约为 5.2 万亿元，占 GDP 比重为46.8%，规模居全国第一。广州、深圳、东莞和惠州数字经济占 GDP 比重显著高于全国水平，深莞惠经济圈的数字经济对 GDP 贡献率已经超过65%。

2. 广东在公共数据资源方面占有优势

数据要素的高效配置是推动数字经济发展的关键一环，广东从 2020 年开始积极谋划数据要素市场化配置改革。2021 年，广东省出台《广东省数据要素市场化配置改革行动方案》，从完善法规政策、构建两级市场结构、推动数据新型基础设施建设等多方面入手，全面启动改革。2021 年 10 月，广东省发布了全国首张公共数据资产凭证，创建了数据资产凭证体系，加快场景应用创新，覆盖登记、授权、流通等数据要素全周期，为公共数据资产化应用奠定基础。截至2021 年6 月底，全省发布信息系统11052 个、数据资源目录56794 类、数据需求2672 单。

3. 广东在数字人才储备方面占有优势

《粤港澳大湾区数字经济与人才发展研究报告》显示，大湾区数字人才队伍呈现年轻化特征，25～34 岁之间年轻数字人才比例接近 60%。大湾区年轻的数字人才队伍为新时期的广东数字经济建设提供了有力支撑。广州海珠、佛山顺德两地率先推出“数据经纪人”，并正式实现“持牌上岗”，涉及电力、电商、金融、工业互联网领域。

4. 广东在数字产业基础方面占有优势

广东拥有粤港澳大湾区大数据研究院、粤港澳大湾区数据中心、人工智

能开放创新平台和深圳数据交易所等数据研究平台和数字经济基础设施平台。这些科研机构和创新平台构成了广东数字产业发展的重要基础。

（二）数字经济赋能广东海洋经济高质量发展的动力机制

1. 弱化地理因素，优化广东海洋产业布局

数字经济可以借助数字网络技术显著减小空间距离的影响，弱化地理资源等外部条件的制约。随着物联网和分布式生产等数字技术的升级，广东海洋经济产业链布局将逐渐呈现出区域化和碎片化的特点。此外，随着数字技术在商贸流通体系的不断应用，地理因素在海洋经济发展特别是企业选址中的重要性将逐渐下降，产业布局也将趋于分散化，有利于省内生产者更好地配置和利用海洋资源，进而实现广东海洋产业布局的优化。

2. 破除地区壁垒，赋能广东海洋经济创新

在粤港澳大湾区建设的大背景下，推动广东海洋经济创新离不开与香港、澳门的高效合作。未来粤港澳三地可以利用数字技术在货物通关、货币兑换、个人所得税法律适用以及海洋产业布局与创新等方面进行协调合作，从而不断弱化行政区域界线，降低三地资源要素跨地区流动成本，提高大湾区海洋经济创新要素的流通效率。与此同时，数字技术的发展还能够打破时空束缚，在线上汇聚大湾区创新人才，实现大湾区内部人才的“云流动”，助力大湾区海洋经济创新知识的交流和传播，进而赋能广东海洋经济创新和高质量发展。

3. 共享政务数据，促进广东海洋治理协同

数字技术的应用有利于推进省内各地方政府在海洋经济数据方面的共享开放，打通各地区、各部门之间存在的数据孤岛，推动省内各地方政府在海洋公共服务、海洋生态治理以及海洋经济监测等方面的数字化转型，构建协同高效的数字化、网络化海洋治理体系，进而促进广东在海洋政务管理和海洋公共服务模式方面的不断创新，实现政府履职效能的全面提升。

参考文献

[1] 白俊红，蒋伏心. 协同创新、空间关联与区域创新绩效 [J]. 经济研究，2015，50 (7)：174-187.

[2] 陈成忠，林振山，王晖. 人类最大可持续海洋足迹的模拟 [J]. 生态学报，2008，28 (2)：656-660.

[3] 陈畴镛，胡枭峰，周青. 区域技术创新生态系统的小世界特征分析 [J]. 科学管理研究，2010，28 (5)：17-20，30.

[4] 陈德宁，郑天祥，邓春英. 粤港澳共建环珠江口“湾区”经济研究 [J]. 经济地理，2010，30 (10)：1589-1594.

[5] 陈平，韩永辉. 粤港澳大湾区创新链耦合协调度研究 [J]. 学术研究，2021 (9)：100-106.

[6] 单春红. 海域承载力视角下我国滨海旅游业的发展战略选择研究 [J]. 中国海洋大学学报，2016 (4)：14-20.

[7] 邓志新. 粤港澳大湾区与世界著名湾区经济的比较分析 [J]. 对外经贸实务，2018 (4)：92-95.

[8] 狄乾斌. 承载力视角下辽宁省滨海旅游业发展现状分析：基于 DP 政策战略矩阵 [J]. 海洋开发与管理，2018 (5)：100-106.

[9] 狄乾斌，李霞. 中国沿海 11 省市海洋产业结构与海域承载力脉冲响应分析 [J]. 海洋环境科学，2018，37 (4)：561-569.

[10] 狄乾斌，吕东晖. 我国海域承载力与海洋经济效益测度及其响应关系探讨 [J]. 生态经济，2019，35 (12)：126-133，169.

[11] 狄乾斌，郑金花. 中国沿海地区海洋经济发展水平与海域承载力耦合分析 [J]. 中国海洋经济，2017 (1)：119-137.

[12] 冯锐，高菠阳，陈钰淳，等. 粤港澳大湾区科技金融耦合度及其影响因素研究 [J]. 地理研究，2020，39 (9)：1972-1986.

[13] 盖美，秦冰，郑秀霞. 经济增长动能转换与绿色发展耦合协调的时空

格局演化分析［J］. 地理研究，2021，40（9）：2572－2590.

［14］辜胜阻，曹冬梅，杨嵋. 构建粤港澳大湾区创新生态系统的战略思考［J］. 中国软科学，2018（4）：1－9.

［15］郭琛琛，梁娟珠. 基于网络地图的多交通模式医疗设施可达性分析［J］. 地球信息科学学报，2022，24（3）：483－494.

［16］郭栋. 海洋强国的战略选择与蓝色金融的策略谋划［N］. 金融时报，2022－01－24.

［17］何丹. 蓝色金融国际实践研究及对中国的启示［J］. 区域金融研究，2021（1）：34－41.

［18］胡金焱，赵建. 新时代金融支持海洋经济的战略意义和基本路径［J］. 经济与管理评论，2018（5）：13－18.

［19］黄晖，胡求光，马劲韬. 基于 DPSIR 模型的浙江省海域承载力的评价分析［J］. 经济地理，2021，41（11）：48－55.

［20］李睿. 国际著名“湾区”发展经验及启示［J］. 港口经济，2015（9）：5－8.

［21］李晓娣，张小燕. 区域创新生态系统共生对地区科技创新影响研究［J］. 科学学研究，2019，37（5）：909－918，939.

［22］李晓娣，张小燕. 我国区域创新生态系统共生及其进化研究：基于共生度模型、融合速度特征进化动量模型的实证分析［J］. 科学学与科学技术管理，2019，40（4）：48－64.

［23］李颖，马双，富宁宁，等. 中国沿海地区海洋产业合作创新网络特征及其邻近性［J］. 经济地理，2021，41（2）：129－138.

［24］梁中. 基于生态学视角的区域主导产业协同创新机制研究［J］. 经济问题探索，2015（6）：157－161，182.

［25］刘成昆. 融入城市群，打造湾区经济：粤港澳大湾区城市群发展分析［J］. 港澳研究，2017（4）：55－60，93.

［26］刘乃全，杨晓章. 长三角区域科技协同创新发展研究：基于区域间论文和专利合作［J］. 华中师范大学学报（自然科学版），2021，55（5）：767－779.

［27］刘帅，李琪，徐晓瑜，等. 中国创新要素集聚能力的时空格局与动态演化［J］. 科技进步与对策，2021，38（16）：11－20.

［28］毛汉英，余丹林. 环渤海地区区域承载力研究［J］. 地理学报，2001，

56（3）：363－371.
[29] 苗丽娟，王玉广，张永华，等. 海洋生态环境承载力评价指标体系研究［J］. 海洋环境科学，2006，25（3）：75－77.
[30] 欧忠辉，朱祖平，夏敏，等. 创新生态系统共生演化模型及仿真研究［J］. 科研管理，2017，38（12）：49－57.
[31] 申勇. 海上丝绸之路背景下深圳湾区经济开放战略［J］. 特区实践与理论，2015（1）：84－87.
[32] 沈金生，吕金诺，刘荣建. 我国海洋牧场蓝色碳汇补偿方案设计探讨［J］. 中国海洋大学学报（社会科学版），2020（3）：68－75.
[33] 唐开翼，欧阳娟，甄杰，等. 区域创新生态系统如何驱动创新绩效?：基于31个省市的模糊集定性比较分析［J］. 科学学与科学技术管理，2021，42（7）：53－72.
[34] 唐晓华，张欣珏，李阳. 中国制造业与生产性服务业动态协调发展实证研究［J］. 经济研究，2018，53（3）：79－93.
[35] 王方方，杨智晨，武宇希. 粤港澳大湾区创新活度的空间结构演化效应及影响因素研究［J］. 科技进步与对策，2020，37（17）：46－53.
[36] 王飞航，本连昌. 创新生态系统视角下区域创新绩效提升路径研究［J］. 中国科技论坛，2021（3）：154－163.
[37] 王菲菲，芦婉昭，贾晨冉，等. 基于论文－专利机构合作网络的产学研潜在合作机会研究［J］. 情报科学，2019，37（9）：9－16.
[38] 王宏彬. 湾区经济与中国实践［J］. 中国经济报告，2014（11）：99－100.
[39] 王寅，袁月英，孙毅，等. 基于探索、开发的区域创新生态系统评价与动态演化研究［J］. 中国科技论坛，2021（3）：143－153.
[40] 王展昭，唐朝阳. 区域创新生态系统耗散结构研究［J］. 科学学研究，2021，39（1）：170－179.
[41] 王兆峰，陈青青. 长江经济带旅游产业与生态环境交互胁迫关系验证及协调效应研究［J］. 长江流域资源与环境，2021，30（11）：2581－2593.
[42] 吴家权，谢涤湘，李超骕，等. 知识创新与技术创新网络空间结构的演化特征：基于“流空间”视角的粤港澳大湾区案例研究［J］. 城市问题，2021（4）：12－21.

［43］吴家玮．建立国际级科技大学 着眼香港的未来发展［J］．世界科技研究与发展，1997（3）：22－26.

［44］夏丽娟，谢富纪，王海花．制度邻近、技术邻近与产学协同创新绩效：基于产学联合专利数据的研究［J］．科学学研究，2017，35（5）：782－791.

［45］向希尧，裴云龙．跨国专利合作网络中技术接近性的调节作用研究［J］．管理科学，2015，28（1）：111－121.

［46］徐维祥，张凌燕，刘程军，等．城市功能与区域创新耦合协调的空间联系研究：以长江经济带107个城市为实证［J］．地理科学，2017，37（11）：1659－1667.

［47］徐莹，邹芳，姜李丹，等．多维邻近性对技术创新合作绩效的影响效应：以长江中游城市群合作网络为例［J］．科技管理研究，2022，42（1）：51－61.

［48］叶伟巍，梅亮，李文，等．协同创新的动态机制与激励政策：基于复杂系统理论视角［J］．管理世界，2014（6）：79－91.

［49］尹翀，丁青艳．城市群创新协同网络模型构建及结构特征研究：以中原城市群为例［J］．科技管理研究，2021，41（15）：20－27.

［50］余璇，胡求光．中国海域承载力空间差异及其收敛性分析［J］．海洋开发与管理，2020，37（7）：23－32.

［51］曾德明，任浩，戴海闻，等．组织邻近和组织背景对组织合作创新地理距离的影响［J］．管理科学，2014，27（4）：12－22.

［52］张锐．世界湾区经济的建设经验与启示［J］．中国国情国力，2017（5）：31－34.

［53］赵作权．湾区经济研究综述［J］．新疆财经，2021（3）：5－16.

［54］中国环境与发展国际合作委员会．全球海洋治理与生态文明专题政策研究总报告：建设可持续的中国海洋经济［EB/OL］．（2020－08－06）［2023－06－17］．http：//www. cciced. net/zcyj/yjbg/zcyjbg/2020/202008/P020200916727 021019353. pdf.

［55］中华人民共和国自然资源部．2021年中国海洋经济统计公报［EB/OL］．（2022－04－06）［2023－07－15］．http：//gi. mnr. gov. cn/ 202204/t20220406_ 2732610. html.

［56］中华人民共和国自然资源部．2020年中国海洋经济统计公报［EB/

OL]. (2021-03-31) [2024-07-15]. http://m.mnr.gov.cn/sj/sjfw/hy/gbgg/zghyjjtjgb/202103/t20210331_2618719.html.

[57] ADNER R, FEILER D. Interdependence, perception, and investment choices: An experimental approach to decision making in innovation ecosystems [J]. Organization science, 2019, 30 (1): 109-125.

[58] BALDWIN C, VON HIPPEL E. Modeling a paradigm shift: From producer innovation to user and open collaborative innovation [J]. Organization science, 2011, 22 (6): 1399-1417.

[59] BURT R S. Structural holes [M]. Cambridge: Harvard University Press, 1992.

[60] CHUNG-LIN TSAI, HAN-CHAO CHANG. Evaluation of critical factors for the regional innovation system within the HsinChu science-based park [J]. Kybernetes, 2016, 45 (4): 699-716.

[61] COOKE P. Regional innovation systems: competitive regulation in the new Europe [J] Geoforum, 1992, 23 (3): 365-382.

[62] KRISTIAN M, AINO H. Managing business and innovation networks—From strategic nets to business fields and ecosystems [J]. Industrial marketing management, 2017, 67: 5-22.

[63] MARCUS H, OVE G, MARCEL B. The evolution of intellectual property strategy in innovation ecosystems: Uncovering complementary and substitute appropriability regimes [J]. Long range planning, 2018, 51 (2): 303-319.

[64] MIN R Y, KUO M C, LIN Y H, et al. Evaluating the collaborative ecosystem for an innovation-driven economy: A systems analysis and case study of science parks [J]. Sustainability, 2018, 10 (3).

[65] ZAHRA S A, NAMBISAN S. Entrepreneurship in global innovation ecosystems [J]. AMS review, 2011, 1 (1): 4-17.